严格依据中华人民共和国住房和城乡建设部印发的
造价工程师职业资格考试大纲编写

二级造价工程师职业资格考试专用教材

建设工程造价管理
基础知识

环球网校造价工程师考试研究院 组编

U0345955

中国石化出版社
HTTP://WWW.SINOPEC-PRESS.COM

教·育·出·版·中·心

图书在版编目（CIP）数据

建设工程造价管理基础知识/环球网校造价工程师
考试研究院组编 .—北京：中国石化出版社，2020.1（2021.9重印）
二级造价工程师职业资格考试专用教材
ISBN 978-7-5114-5654-0

Ⅰ.①建… Ⅱ.①环… Ⅲ.①建筑造价管理—资格考
试—自学参考资料 Ⅳ.①TU723.31

中国版本图书馆 CIP 数据核字（2020）第 013018 号

中国石化出版社出版发行

地址：北京市东城区安定门外大街 58 号
邮编：100011　电话：（010）57512500
发行部电话：（010）57512575
http：//www.sinopec-press.com
E-mail：press@sinopec.com
三河市中晟雅豪印务有限公司印刷
全国各地新华书店经销

*

787×1092 毫米 16 开本 13.5 印张 342 千字
2020 年 2 月第 1 版　2021 年 9 月第 4 次印刷
定价：58.00 元

二级造价工程师职业资格考试专用教材
建设工程造价管理基础知识

编 委 会

主　　审	陈　辉
本册主编	蒋莉莉
参编人员 （排名不分先后）	陈　辉　　蒋莉莉　　张　静 武立叶　　白玉萍　　彭立佳 王　颖　　汤　菁　　吴晶璐

前言

住房城乡建设部、交通运输部、水利部、人力资源和社会保障部联合颁布的《造价工程师职业资格制度规定》《造价工程师职业资格考试实施办法》，明确规定我国设置造价工程师准入类职业资格，工程造价咨询企业应配备造价工程师；工程建设活动中有关工程造价管理岗位按需要配备造价工程师。基于此，我国造价工程师考试制度作出重大调整，将原来的造价工程师分为一级造价工程师和二级造价工程师。二级造价工程师主要协助一级造价工程师开展相关工作，可单独开展建设工程工料分析、计划、组织与成本管理，施工图预算、设计概算、建设工程量清单、最高投标限价、投标报价、建设工程合同价款、结算价款和竣工决算价款的编制等工作。

住房和城乡建设部、交通运输部、水利部组织有关专家，制定了《全国二级造价工程师职业资格考试大纲》，并经人力资源和社会保障部审定。本考试大纲是二级造价工程师考试命题和应考人员备考的依据。

二级造价工程师职业资格考试分为两个科目："建设工程造价管理基础知识"和"建设工程计量与计价实务"。这两个科目分别单独考试、单独计分。参加全部2个科目考试的人员，必须在连续2个考试年度内通过全部科目，方可取得二级造价工程师职业资格证书。

各科目考试试题类型及时间见表1。

表1 各科目考试试题类型、时间安排

科目名称 / 项目名称	建设工程造价管理基础知识	建设工程计量与计价实务
考试时间（小时）	2.5	3.0
满分记分	100	100
试题类型	客观题	客观和主观题

注：（1）客观题指单项选择题、多项选择题等题型，主观题指问答题及计算题等题型。

（2）第二科目"建设工程计量与计价实务"分为土木建筑工程、交通运输工程、水利工程和安装工程4个专业类别，考生在报名时可根据实际工作需要选择其中一个专业。

为了更好地贯彻我国工程造价管理有关方针政策，帮助造价从业人员学习、掌握二级造价工程师职业资格考试的内容和要求，环球网校造价工程师考试研究院组织有关专家及长期从事一线教学工作的专业老师，精心研究二级造价工程师考试大纲要求，编写了这套在全国范围内适用的《建设工程造价管理基础知识》《建设工程计量与计价实务（土木建筑工程）》和《建设工程计量与计价实务（安装工程）》，共三册。

在本套图书编写过程中，作者借鉴了最新颁布的有关工程造价管理的法规、规章、政策，力求体现行业最新发展水平和二级造价工程师职业资格考试特点。同时注重理论联系实际，对考生应当掌握的工程造价管理基本理论、专业技术知识、计量与计价实务操作进行全面介绍，以帮助考生深入理解，顺利通过考试。

由于时间仓促，本套图书存在不足之处，还望读者提出宝贵意见和建议，以便再版时修订和完善。

最后预祝大家顺利通过二级造价工程师职业资格考试！

环球网校造价工程师考试研究院

目　录

第一章 工程造价管理相关法律法规与制度

本章主要讲述工程项目建设过程中涉及的相关法律法规、条例的内容及作为造价执业人（造价咨询企业、造价工程师）在执业过程中必须了解和遵守的相关制度，是整个造价工程师考试以及作为造价执业人执业过程中需要学习和把握的理论基础。

由于涉及法律法规，因此这部分内容略显枯燥，知识点比较琐碎，考查也较为细致。总的来说，相对侧重考查相关概念、特征、分类、时间规定、判别的原则等，同时近年考情趋势要求考生能够灵活运用相关规定到实际，因此在学习这部分内容的时候，大家注意抓住重点，把握关键，通过总结、图表、记忆窍门等一些方法做到理解性记忆相关概念及内容，从而达到掌握相应知识点的目的。

本章内容少，考点相对集中，容易把握重点，易得分。

■ 知识脉络

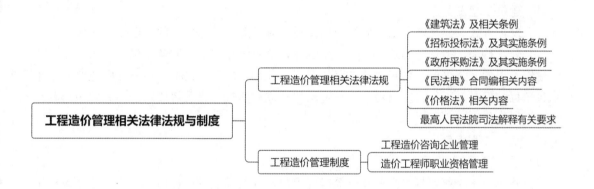

第一节 工程造价管理相关法律法规

一、《建筑法》及相关条例

（一）《建筑法》相关内容

1. 建筑许可

建筑许可包括建筑工程施工许可和从业资格两个方面。

除国务院建设行政主管部门确定的限额以下的小型工程外，建筑工程开工前，建设单位应当按照国家有关规定向工程所在地县级以上人民政府建设行政主管部门申请领取施工许可证。按照国务院规定的权限和程序批准开工报告的建筑工程，不再领取施工许可证。

（1）申请领取施工许可证的条件。

申请领取施工许可证，应当具备如下条件：

1）已办理该建筑工程用地批准手续。

2）依法应当办理建设工程规划许可证的，已经取得建设工程规划许可证。

3）需要拆迁的，其拆迁进度符合施工要求。

4）已经确定建筑施工企业。

5）有满足施工需要的资金安排、施工图纸及技术资料。

6）有保证工程质量和安全的具体措施。

（2）施工许可证的有效期限。

建设单位应当自领取施工许可证之日起 3 个月内开工。因故不能按期开工的，应当向发证机关申请延期；延期以两次为限，每次不超过 3 个月。既不开工又不申请延期或者超过延期时限的，施工许可证自行废止。

（3）中止施工和恢复施工。

在建的建筑工程因故中止施工的，建设单位应当自中止施工之日起 1 个月内，向发证机关报告，并按照规定做好建筑工程的维护管理工作。

建筑工程恢复施工时，应当向发证机关报告。

中止施工满 1 年的工程恢复施工前，建设单位应当报发证机关核验施工许可证。

按照国务院有关规定批准开工报告的建筑工程，因故不能按期开工或者中止施工的，应当及时向批准机关报告情况。因故不能按期开工超过 6 个月的，应当重新办理开工报告的批准手续。

2. 建筑工程发包与承包

（1）建筑工程发包。

1）发包方式。建筑工程依法实行招标发包，对不适用招标发包的可以直接发包。

2）禁止行为。提倡对建筑工程实行总承包，禁止将建筑工程肢解发包。

建筑工程的发包单位可以将建筑工程的勘察、设计、施工、设备采购一并发包给一个工程总承包单位。但是，不得将应当由一个承包单位完成的建筑工程肢解成若干部分发包给几个承包单位。

（2）建筑工程承包。

1）承包资质。

禁止建筑施工企业超越本企业资质等级许可的业务范围或者以任何形式用其他建筑施工企业的名义承揽工程。

禁止建筑施工企业以任何形式允许其他单位或个人使用本企业的资质证书、营业执照，以本企业的名义承揽工程。

2）联合承包。

大型建筑工程或结构复杂的建筑工程，可以由两个以上的承包单位联合共同承包。共同承包的各方对承包合同的履行承担连带责任。

两个以上不同资质等级的单位实行联合共同承包的，应当按照资质等级低的单位的业务许可范围承揽工程。

3）工程分包。

建筑工程总承包单位可以将承包工程中的部分工程发包给具有相应资质条件的分包单位。但是，除总承包合同中已约定的分包外，必须经建设单位认可。

施工总承包的，建筑工程主体结构的施工必须由总承包单位自行完成。

建筑工程总承包单位按照总承包合同的约定对建设单位负责；分包单位按照分包合同的约

定对总承包单位负责。总承包单位和分包单位就分包工程对建设单位承担连带责任。

　　4）禁止行为。

　　禁止承包单位将其承包的全部建筑工程转包给他人，或将其承包的全部建筑工程肢解以后以分包的名义分别转包给他人。禁止总承包单位将工程分包给不具备资质条件的单位。禁止分包单位将其承包的工程再分包。

　　5）建筑工程造价。

　　建筑工程的发包单位与承包单位应当依法订立书面合同，明确双方的权利和义务。

3. 建筑安全生产管理

　　建筑工程安全生产管理必须坚持安全第一、预防为主的方针，建立健全安全生产的责任制度和群防群治制度。

[例题1·单选] 某建设单位新建一栋大型办公楼，由某建筑公司承建。根据《中华人民共和国建筑法》的有关规定，以下关于施工许可证的说法，正确的是（　　）。

A. 建设单位可以在建筑工程开工后申请领取施工许可证

B. 应由建设单位向建设行政主管部门申请领取施工许可证

C. 应由建筑公司向建设行政主管部门申请领取施工许可证

D. 该建筑公司领取施工许可证后，最迟3个月内开工

[解析] 除国务院建设行政主管部门确定的限额以下的小型工程外，建筑工程开工前，建设单位应当按照国家有关规定向工程所在地县级以上人民政府建设行政主管部门申请领取施工许可证。建设单位应当自领取施工许可证之日起3个月内开工。因故不能按期开工的，应当向发证机关申请延期；延期以两次为限，每次不超过3个月。既不开工又不申请延期或者超过延期时限的，施工许可证自行废止。

[答案] B

[例题2·单选] 根据《建筑法》，领取施工许可证后因故不能按期开工的，建设单位应当申请延期，延期的规定是（　　）。

A. 以两次为限，每次不超过2个月　　　　B. 以三次为限，每次不超过2个月

C. 以两次为限，每次不超过3个月　　　　D. 以三次为限，每次不超过3个月

[解析] 建设单位领取施工许可证之后因故不能按期开工的，应当向发证机关申请延期；延期以两次为限，每次不超过3个月。

[答案] C

[例题3·单选] 根据《建筑法》，建筑工程由多个承包单位联合共同承包的，关于承包合同履行责任的说法，正确的是（　　）。

A. 由牵头承包方承担主要责任　　　　　　B. 由资质等级高的承包方承担主要责任

C. 由承包各方承担连带责任　　　　　　　D. 按承包各方投入比例承担相应责任

[解析] 大型建筑工程或结构复杂的建筑工程，可以由两个以上的承包单位联合共同承包。共同承包的各方对承包合同的履行承担连带责任。两个以上不同资质等级的单位实行联合共同承包的，应当按照资质等级低的单位的业务许可范围承揽工程。

[答案] C

（二）《建设工程质量管理条例》相关内容

1. 建设单位的质量责任和义务

建设单位应当将工程发包给具有相应资质等级的单位。建设单位不得将建设工程肢解发包。

2. 施工单位的质量责任和义务

施工单位对建设工程的施工质量负责。

3. 工程质量保修

建设工程实行质量保修制度。

建设工程的保修期，自竣工验收合格之日起计算。

在正常使用条件下，建设工程最低保修期限为：

（1）基础设施工程、房屋建筑的地基基础工程和主体结构工程，为设计文件规定的该工程的合理使用年限。

（2）屋面防水工程、有防水要求的卫生间、房间和外墙面的防渗漏，为5年。

（3）供热与供冷系统，为2个采暖期、供冷期。

（4）电气管道、给排水管道、设备安装和装修工程，为2年。

其他工程的保修期限由发包方与承包方约定。

典型例题

〔例题1·单选〕根据《建设工程质量管理条例》，建设工程的保修期自（　　）之日起计算。

A. 工程交付使用　　　　　　　　　　B. 竣工审计通过

C. 工程价款结清　　　　　　　　　　D. 竣工验收合格

〔解析〕建设工程的保修期，自竣工验收合格之日起计算。

〔答案〕D

〔例题2·单选〕根据《建设工程质量管理条例》，在正常使用条件下，给排水管道工程的最低保修期限为（　　）年。

A. 1　　　　　　　　B. 2　　　　　　　　C. 3　　　　　　　　D. 5

〔解析〕在正常使用条件下，建设工程中，电气管道、给排水管道、设备安装和装修工程的最低保修期限为2年。

〔答案〕B

〔例题3·单选〕在正常使用条件下，以下关于建设工程最低保修期限的说法，正确的是（　　）。〔2020真题〕

A. 房屋建筑的地基基础工程为设计文件规定的该工程的合理使用年限

B. 房屋防水工程、有防水要求的卫生间、房间和外墙面的防渗漏，为2年

C. 电气管线、给排水管道、设备安装和装修工程，为1年

D. 供热与供冷系统，为2年

〔解析〕在正常使用条件下，建设工程最低保修期限为：①基础设施工程、房屋建筑的地基基础工程和主体结构工程，为设计文件规定的该工程合理使用年限；②屋面防水工程、有防水要求的卫生间、房间和外墙面的防渗漏，为5年；③供热与供冷系统，为2个采暖期、供冷期；④电气管道、给排水管道、设备安装和装修工程，为2年。其他工程的保修期限由发包方与承包方约定。

〔答案〕A

（三）《建设工程安全生产管理条例》相关内容

1. 建设单位的安全责任

建设单位在编制工程概算时，应当确定建设工程安全作业环境及安全施工措施所需费用。

2. 施工单位的安全责任

（1）安全生产责任制度。

施工单位主要负责人依法对本单位的安全生产工作全面负责。

➢ **注意**：一把手对安全负责。

（2）安全生产管理费用。

施工单位对列入建设工程概算的安全作业环境及安全施工措施所需费用，应当用于施工安全防护用具及设施的采购和更新、安全施工措施的落实、安全生产条件的改善，不得挪作他用。

（3）施工现场安全管理。

（4）安全生产教育培训。

（5）安全技术措施和专项施工方案。

施工单位应当在施工组织设计中编制安全技术措施和施工现场临时用电方案，对下列达到一定规模的危险性较大的分部分项工程编制专项施工方案，并附具安全验算结果，经施工单位技术负责人、总监理工程师签字后实施，由专职安全生产管理人员进行现场监督：

1）基坑支护与降水工程。

2）土方开挖工程。

3）模板工程。

4）起重吊装工程。

5）脚手架工程。

6）拆除、爆破工程。

7）国务院建设行政主管部门或者其他有关部门规定的其他危险性较大的工程。

上述所列工程中涉及深基坑、地下暗挖工程、高大模板工程的专项施工方案，施工单位还应当组织专家进行论证、审查。

3. 生产安全事故的应急救援和调查处理

（1）生产安全事故应急救援。

县级以上地方人民政府建设行政主管部门应当根据本级人民政府的要求，制定本行政区域内建设工程特大生产安全事故应急救援预案。

（2）生产安全事故调查处理。

实行施工总承包的建设工程，由总承包单位负责上报事故。

典型例题

［例题1·单选］在建设工程施工活动中，落实施工安全生产主体责任的单位是（　　）。

A. 建设单位　　　　　　　　　　　B. 施工单位

C. 监理单位　　　　　　　　　　　D. 设计单位

［解析］施工单位主要负责人依法对本单位的安全生产工作全面负责。施工单位应当建立健全安全生产责任制度，制定安全生产规章制度和操作规程，保证本单位安全生产条件所需资金的投入，对所承担的建设工程进行定期和专项安全检查，并做好安全检查记录。

［答案］B

建设工程造价管理基础知识

[例题2·单选] 根据《建设工程安全生产管理条例》，施工单位应当组织专家进行论证、审查达到一定规模的危险性较大的分部分项工程专项施工方案的是（　　）。

A. 脚手架工程
B. 模板工程
C. 降水工程
D. 地下暗挖工程

[解析] 施工单位应当在施工组织设计中编制安全技术措施和施工现场临时用电方案，对下列达到一定规模的危险性较大的分部分项工程编制专项施工方案，并附具安全验算结果，经施工单位技术负责人、总监理工程师签字后实施，由专职安全生产管理人员进行现场监督：①基坑支护与降水工程；②土方开挖工程；③模板工程；④起重吊装工程；⑤脚手架工程；⑥拆除、爆破工程；⑦国务院建设行政主管部门或者其他有关部门规定的其他危险性较大的工程。上述所列工程中涉及深基坑、地下暗挖工程、高大模板工程的专项施工方案，施工单位还应当组织专家进行论证、审查。

[答案] D

[例题3·单选] 根据《建设工程安全生产管理条例》，列入建设工程概算的安全作业环境及安全施工措施所需费用，施工单位应当用于（　　）。[2020真题]

A. 工程救护设施的建设和救护用具的采购
B. 施工现场环境改善和现场人员安全培训
C. 施工安全防护用具及设施的采购和更新
D. 工程现场安全事故应急预案的编制及演练

[解析] 施工单位对列入建设工程概算的安全作业环境及安全施工措施所需要费用应当用于施工安全防护用具及设施的采购和更新、安全施工措施的落实、安全生产条件的改善，不得挪作他用。

[答案] C

[例题4·多选] 根据《建设工程安全生产管理条例》，施工单位应当对达到一定规模的危险性较大的（　　）编制专项施工方案。

A. 土方开挖工程
B. 钢筋工程
C. 模板工程
D. 混凝土工程
E. 脚手架工程

[解析] 施工单位应当在施工组织设计中编制安全技术措施和施工现场临时用电方案，对下列达到一定规模的危险性较大的分部分项工程编制专项施工方案，并附具安全验算结果，经施工单位技术负责人、总监理工程师签字后实施，由专职安全生产管理人员进行现场监督：①基坑支护与降水工程；②土方开挖工程；③模板工程；④起重吊装工程；⑤脚手架工程；⑥拆除、爆破工程；⑦国务院建设行政主管部门或者其他有关部门规定的其他危险性较大的工程。

[答案] ACE

二、《招标投标法》及其实施条例

（一）《招标投标法》相关内容

1. 招标

（1）招标条件和方式。

招标分为公开招标和邀请招标两种方式。

公开招标是指招标人以招标公告的方式邀请不特定的法人或者其他组织投标。邀请招标是指招标人以投标邀请书的方式邀请特定的法人或者其他组织投标。

招标人采用公开招标方式的，应当发布招标公告。招标人采用邀请招标方式的，应当向三个以上具备承担招标项目的能力、资信良好的特定法人或者其他组织发出投标邀请书。

（2）招标文件。

招标人对已发出的招标文件进行必要的澄清或者修改的，应当在招标文件要求提交投标文件截止时间至少 15 日前，以书面形式通知所有招标文件收受人。该澄清或者修改的内容为招标文件的组成部分。

（3）其他规定。

招标人设有标底的，标底必须保密。招标人应当确定投标人编制投标文件所需要的合理时间。依法必须进行招标的项目，自招标文件开始发出之日起至投标人提交投标文件截止之日止，最短不得少于 20 日。招标相关时间见图 1-1-1。

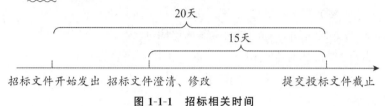

图 1-1-1　招标相关时间

2. 投标

（1）投标文件。

1）投标文件的内容。

根据招标文件载明的项目实际情况，投标人如果准备在中标后将中标项目的部分非主体、非关键工程进行分包的，应当在投标文件中载明。在招标文件要求提交投标文件的截止时间前，投标人可以补充、修改或者撤回已提交的投标文件，并书面通知招标人。补充、修改的内容为投标文件的组成部分。

2）投标文件的送达。

投标人应当在招标文件要求提交投标文件的截止时间前，将投标文件送达投标地点。招标人收到投标文件后，应当签收保存，不得开启。投标人少于 3 个的，招标人应当依照《招标投标法》重新招标。

（2）联合投标。

两个以上法人或者其他组织可以组成一个联合体，以一个投标人的身份共同投标。

联合体各方均应具备承担招标项目的相应能力。

联合体各方应当签订共同投标协议，明确约定各方拟承担的工作和责任，并将共同投标协议连同投标文件一并提交给招标人。

联合体中标的，联合体各方应当共同与招标人签订合同，就中标项目向招标人承担连带责任。

3. 开标、评标和中标

（1）开标。

开标应当在招标人的主持下，在招标文件确定的提交投标文件截止时间的同一时间、招标文件中预先确定的地点公开进行。

（2）评标。

评标由招标人依法组建的评标委员会负责。

评标委员会经评审，认为所有投标均不符合招标文件要求的，可以否决所有投标。

招标人也可以授权评标委员会直接确定中标人。

（3）中标。

招标人和中标人应当自中标通知书发出之日起 30 日内，按照招标文件和中标人的投标文件订立书面合同。招标人和中标人不得再订立背离合同实质性内容的其他协议。

招标文件要求中标人提交履约保证金的，中标人应当提交。

（二）《中华人民共和国招标投标法实施条例》（以下简称《招标投标法实施条例》）相关内容

1. 招标

（1）招标范围和方式。

1）可以邀请招标的项目。国有资金占控股或者主导地位的依法必须进行招标的项目，应当公开招标；但有下列情形之一的，可以邀请招标：

①技术复杂、有特殊要求或者受自然环境限制，只有少量潜在投标人可供选择。

②采用公开招标方式的费用占项目合同金额的比例过大。

2）可以不招标的项目。有下列情形之一的，可以不进行招标：

①需要采用不可替代的专利或者专有技术。

②采购人依法能够自行建设、生产或者提供。

③已通过招标方式选定的特许经营项目投资人依法能够自行建设、生产或者提供。

④需要向原中标人采购工程、货物或者服务，否则将影响施工或者功能配套要求。

⑤国家规定的其他特殊情形。

（2）招标文件与资格审查。

1）资格预审公告和招标公告。

资格预审文件或者招标文件的发售期不得少于5日。

招标人发售资格预审文件、招标文件收取的费用应当限于补偿印刷、邮寄的成本支出，不得以营利为目的。

如潜在投标人或者其他利害关系人对资格预审文件有异议，应当在提交资格预审申请文件截止时间2日前提出。

如对招标文件有异议，应当在投标截止时间10日前提出。招标人应当自收到异议之日起3日内做出答复；做出答复前，应当暂停招标投标活动。

2）资格预审。

依法必须进行招标的项目提交资格预审申请文件的时间，自资格预审文件停止发售之日起不得少于5日。

通过资格预审的申请人少于3个的应当重新招标。

招标人可以对已发出的资格预审文件或者招标文件进行必要的澄清或者修改。

如澄清或者修改的内容可能影响资格预审申请文件或者投标文件编制，招标人应当在提交资格预审申请文件截止时间至少3日前，或者投标截止时间至少15日前，以书面形式通知所有获取资格预审文件或者招标文件的潜在投标人。不足3日或者15日的，招标人应当顺延提交资格预审申请文件或者投标文件的截止时间。

（3）招标工作的实施。

1）禁止投标限制。

招标人不得以不合理的条件限制、排斥潜在投标人或者投标人。招标人有下列行为之一的，属于以不合理条件限制、排斥潜在投标人或者投标人：①就同一招标项目向潜在投标人或者投标人提供有差别的项目信息；②设定的资格、技术、商务条件与招标项目的具体特点和实际需要不相适应或者与合同履行无关；③依法必须进行招标的项目以特定行政区域或者特定行业的业绩、奖项作为加分条件或者中标条件；④对潜在投标人或者投标人采取不同的资格审查或者评标标准；⑤限定或者指定特定的专利、商标、品牌、原产地或者供应商；⑥依法必须进行招标的项目非法限定潜在投标人或者投标人的所有制形式或者组织形式；⑦以其他不合理条件限制、排斥潜在投标人或者投标人。

招标人不得组织单个或者部分潜在投标人踏勘项目现场。

2）两阶段招标。

对技术复杂或者无法精确拟定技术规格的项目，招标人可以分两阶段进行招标：

第一阶段，投标人按照招标公告或者投标邀请书的要求提交不带报价的技术建议，招标人根据投标人提交的技术建议确定技术标准和要求，编制招标文件。

第二阶段，招标人向在第一阶段提交技术建议的投标人提供招标文件，投标人按照招标文件的要求提交包括最终技术方案和投标报价的投标文件。如招标人要求投标人提交投标保证金，应当在第二阶段提出。

3）投标有效期。

招标人应当在招标文件中载明投标有效期。投标有效期从提交投标文件的截止之日起算。

4）投标保证金。

如招标人在招标文件中要求投标人提交投标保证金，投标保证金不得超过招标项目估算价的2%。

投标保证金有效期应当与投标有效期一致。

招标人不得挪用投标保证金。

《招标投标法实施条例》中规定的相关时间见表1-1-1。

表1-1-1　《招标投标法实施条例》中规定的相关时间

事件	时间
自招标文件发出至提交投标文件截止	≥20日
资格预审文件，招标文件发售期	≥5日
提交资格预审申请文件的时间	自资格预审文件停止发售之日起≥5日
对资格预审文件有异议	提交资格预审申请文件截止2日前提出
对招标文件有异议	投标截止10日前提出，招标人3日内答复
招标人澄清、修改资格预审申请文件	距提交资格预审申请文件截止≥3日
招标人澄清、修改招标文件	距投标截止≥15日

2. 投标

属于串通投标和弄虚作假的情形：

（1）第一种情形：投标人相互串通投标。

有下列情形之一的，属于投标人相互串通投标（多人串通在一起）：①投标人之间协商投标报价等投标文件的实质性内容；②投标人之间约定中标人；③投标人之间约定部分投标人放弃投标或者中标；④属于同一集团、协会、商会等组织成员的投标人按照该组织要求协同投标；⑤投标人之间为谋取中标或者排斥特定投标人而采取的其他联合行动。

（2）第二种情形：招标人与投标人串通投标。

有下列情形之一的，属于招标人与投标人串通投标：①招标人在开标前开启投标文件并将有关信息泄露给其他投标人；②招标人直接或者间接向投标人泄露标底、评标委员会成员等信息；③招标人明示或者暗示投标人压低或者抬高投标报价；④招标人授意投标人撤换、修改投标文件；⑤招标人明示或者暗示投标人为特定投标人中标提供方便；⑥招标人与投标人为谋求特定投标人中标而采取的其他串通行为。

3. 开标、评标和中标

（1）开标。

招标人应当按照招标文件规定的时间、地点开标。如投标人少于 3 个，不得开标；招标人应当重新招标。

（2）评标。

招标人应当根据项目规模和技术复杂程度等因素合理确定评标时间。如超过 1/3 的评标委员会成员认为评标时间不够，招标人应当适当延长。

（3）投标否决。

有下列情形之一的，评标委员会应当否决其投标：①投标文件未经投标单位盖章和单位负责人签字；②投标联合体没有提交共同投标协议；③投标人不符合国家或者招标文件规定的资格条件；④同一投标人提交两个以上不同的投标文件或者投标报价，但招标文件要求提交备选投标的除外；⑤投标报价低于成本或者高于招标文件设定的最高投标限价；⑥投标文件没有对招标文件的实质性要求和条件做出响应；⑦投标人有串通投标、弄虚作假、行贿等违法行为。

（4）投标文件澄清。

投标文件中有含义不明确的内容、明显文字或者计算错误，评标委员会认为需要投标人做出必要澄清、说明的，应当书面通知该投标人。

（5）中标。

中标候选人应当不超过 3 个，并标明排序。

依法必须进行招标的项目，招标人应当自收到评标报告之日起 3 日内公示中标候选人，公示期不得少于 3 日。国有资金占控股或者主导地位的依法必须进行招标的项目，招标人应当确定排名第一的中标候选人为中标人。

排名第一的中标候选人放弃中标、因不可抗力不能履行合同、不按照招标文件要求提交履约保证金，或者被查实存在影响中标结果的违法行为等情形，不符合中标条件的，招标人可以按照评标委员会提出的中标候选人名单排序依次确定其他中标候选人为中标人，也可以重新招标。

（6）签订合同及履约。

招标人最迟应当在书面合同签订后 5 日内向中标人和未中标的投标人退还投标保证金及银行同期存款利息。招标文件要求中标人提交履约保证金的，中标人应当按照招标文件的要求提交。履约保证金不得超过中标合同金额的 10%。

4. 投诉与处理

如果投标人或者其他利害关系人认为招标投标活动不符合法律、行政法规规定，可以自知道或者应当知道之日起 10 日内向有关行政监督部门投诉。投诉应当有明确的请求和必要的证明材料。

〖典型例题〗

［例题 1·单选］根据《招标投标法》，对于依法必须进行招标的项目，自招标文件开始发出之日起至投标人提交投标文件截止之日止，最短不得少于（   ）日。

A. 10   B. 20   C. 30   D. 60

［解析］依法必须进行招标的项目，自招标文件开始发出之日起至投标人提交投标文件截止之日止，最短不得少于 20 日。

［答案］B

[例题2·单选] 根据《招标投标法实施条例》，依法必须进行招标的项目可以不进行招标的情形是（　　）。

A. 受自然环境限制只有少量潜在投标人　　B. 需要采用不可替代的专利或者专有技术

C. 招标费用占项目合同金额的比例过大　　D. 因技术复杂只有少量潜在投标人

[解析] 有下列情形之一的，可以不进行招标：①需要采用不可替代的专利或者专有技术；②采购人依法能够自行建设、生产或者提供；③已通过招标方式选定的特许经营项目投资人依法能够自行建设、生产或者提供；④需要向原中标人采购工程、货物或者服务，否则将影响施工或者功能配套要求；⑤国家规定的其他特殊情形。

[答案] B

[例题3·单选] 根据《中华人民共和国招标投标法》的有关规定，招标人和中标人应当自中标通知书发出之日起的（　　）日内，按照招标文件和中标人的投标文件订立书面合同。

A. 10　　　　　　B. 15　　　　　　C. 30　　　　　　D. 20

[解析] 招标人和中标人应当自中标通知书发出之日起30日内，按照招标文件和中标人的投标文件订立书面合同。

[答案] C

[例题4·单选] 国有资金占控股或主导地位的建设项目，可以邀请招标的情况是（　　）。[2020真题]

A. 技术简单　　　　　　　　　　　　B. 技术复杂且潜在投标人少

C. 无特殊要求　　　　　　　　　　　D. 潜在投标人多

[解析] 国有资金占控股或者主导地位的依法必须进行招标的项目，应当公开招标；但有下列情形之一的，可以邀请招标：①技术复杂、有特殊要求或者受自然环境限制，只有少量潜在投标人可供选择；②采用公开招标方式的费用占项目合同金额的比例过大。

[答案] B

[例题5·单选] 某施工企业参加政府工程投标，该项目的招标预算金额为6000万元，根据《招标投标法实施条例》的规定，则其应该提交的投标保证金不得超过（　　）万元。[2020真题]

A. 30　　　　　　B. 60　　　　　　C. 80　　　　　　D. 120

[解析] 如招标人在招标文件中要求投标人提交投标保证金，投标保证金不得超过招标项目估算价的2%。6000×2%＝120（万元）。

[答案] D

[例题6·单选] 根据《招标投标法实施条例》，对于采用两阶段招标的项目。投标人在第一阶段向招标人提交的文件是（　　）。

A. 不带报价的技术建议　　　　　　　B. 带报价的技术建议

C. 不带报价的技术方案　　　　　　　D. 带报价的技术方案

[解析] 对技术复杂或者无法精确拟定技术规格的项目，招标人可以分两阶段进行招标：第一阶段，投标人按照招标公告或者投标邀请书的要求提交不带报价的技术建议，招标人根据投标人提交的技术建议确定技术标准和要求，编制招标文件。第二阶段，招标人向在第一阶段提交技术建议的投标人提供招标文件，投标人按照招标文件的要求提交包括最终技术方案和投标报价的投标文件。如招标人要求投标人提供投标保证金，应当在第二阶段提出。

[答案] A

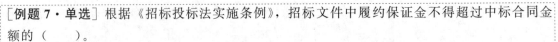

[例题7·单选] 根据《招标投标法实施条例》，招标文件中履约保证金不得超过中标合同金额的（　　）。

A. 2%　　　　　　B. 5%　　　　　　C. 10%　　　　　　D. 20%

[解析] 履约保证金不得超过中标合同金额的10%。

[答案] C

[例题8·单选] 以下情形中，属于招标人与投标人串通投标的是（　　）。[2020真题]

A. 投标人为了争取中标而降低报价

B. 投标人之间通过竞价内定中标人，再参加投标

C. 某投标人为其他投标人陪标

D. 开标前，招标人将其他投标人的投标信息告知某投标人

[解析] 有下列情形之一的，属于招标人与投标人串通投标：①招标人在开标前开启投标文件并将有关信息泄露给其他投标人；②招标人直接或者间接向投标人泄露标底、评标委员会成员等信息；③招标人明示或者暗示投标人压低或者抬高投标报价；④招标人授意投标人撤换、修改投标文件；⑤招标人明示或者暗示投标人为特定投标人中标提供方便；⑥招标人与投标人为谋求特定投标人中标而采取的其他串通行为。

[答案] D

[例题9·多选] 根据《招标投标实施条例》，关于投标保证金的说法，正确的有（　　）。

A. 投标保证金有效期应当与投标有效期一致

B. 投标保证金不得超过招标合同价的2%

C. 采用两阶段招标的，投标应在第一阶段提交投标保证金

D. 招标人不得挪用投标保证金

E. 招标人最迟应在签订书面合同的同时退还投标保证金

[解析] 投标保证金不得超过招标项目估算价的2%，故选项B错误；采用两阶段招标的，如招标人要求投标人提交投标保证金，应当在第二阶段提出，故选项C错误；招标人最迟应当在书面合同签订后5日内向中标人和未中标的投标人退还投标保证金及银行同期存款利息，故选项E错误。

[答案] AD

三、《政府采购法》及其实施条例

(一)《政府采购法》相关内容

《政府采购法》所称政府采购，是指各级国家机关、事业单位和团体组织，使用财政性资金采购依法制定的集中采购目录以内的或采购限额标准以上的货物、工程和服务的行为。

1. 政府采购方式

政府采购可采用的方式有：公开招标、邀请招标、竞争性谈判、单一来源采购、询价和国务院政府采购监督管理部门认定的其他采购方式。

（1）公开招标。公开招标应作为政府采购的主要采购方式。

（2）邀请招标。符合下列情形之一的货物或服务，可采用邀请招标方式采购：①具有特殊性，只能从有限范围的供应商处采购的；②采用公开招标方式的费用占政府采购项目总价值的比例过大的。

（3）竞争性谈判。符合下列情形之一的货物或服务，可采用竞争性谈判方式采购：①招标后没有供应商投标或没有合格标的或重新招标未能成立的；②技术复杂或性质特殊，不能确定详细规格或具体要求的；③采用招标所需时间不能满足用户紧急需要的；④不能事先计算出价格总额的。

（4）单一来源采购。符合下列情形之一的货物或服务，可以采用单一来源方式采购：①只能从唯一供应商处采购的；②发生不可预见的紧急情况，不能从其他供应商处采购的；③必须保证原有采购项目一致性或服务配套的要求，需要继续从原供应商处添购，且添购资金总额不超过原合同采购金额10%的。

（5）询价。采购的货物规格、标准统一、现货货源充足且价格变化幅度小的政府采购项目，可以采用询价方式采购。

2. 政府采购合同

（1）政府采购合同应当采用书面形式。

（2）政府采购合同履行中，采购人需追加与合同标的相同的货物、工程或服务的，在不改变合同其他条款的前提下，可以与供应商协商签订补充合同，但所有补充合同的采购金额不得超过原合同采购金额的10%。

（二）《中华人民共和国政府采购法实施条例》（以下简称《政府采购法实施条例》）相关内容

1. 政府采购当事人

采购人或者采购代理机构有下列情形之一的，属于以不合理的条件对供应商实行差别待遇或者歧视待遇：

（1）就同一采购项目向供应商提供有差别的项目信息。

（2）设定的资格、技术、商务条件与采购项目的具体特点和实际需要不相适应或者与合同履行无关。

（3）采购需求中的技术、服务等要求指向特定供应商、特定产品。

（4）以特定行政区域或者特定行业的业绩、奖项作为加分条件或者中标、成交条件。

（5）对供应商采取不同的资格审查或者评审标准。

（6）限定或者指定特定的专利、商标、品牌或者供应商。

（7）非法限定供应商的所有制形式、组织形式或者所在地。

（8）以其他不合理条件限制或者排斥潜在供应商。

2. 政府采购程序

（1）招标文件。

招标文件的提供期限自招标文件开始发出之日起不得少于5个工作日。

采购人或者采购代理机构可以对已发出的招标文件进行必要的澄清或者修改。澄清或者修改的内容可能影响投标文件编制的，采购人或者采购代理机构应当在投标截止时间至少15日前，以书面形式通知所有获取招标文件的潜在投标人；不足15日的，采购人或者采购代理机构应当顺延提交投标文件的截止时间。

（2）投标保证金。

招标文件要求投标人提交投标保证金的，投标保证金不得超过采购项目预算金额的2%。

3. 政府采购合同

履约保证金的数额不得超过政府采购合同金额的10%。

--- 典型例题 ---

［例题1·单选］政府采购合同履行中，采购人需追加与合同标的相同的货物、工程或服务的，在不改变合同其他条款的前提下，可以与供应商协商签订补充合同，但所有补充合同的采购金额不得超过原合同采购金额的（ ）。

A. 10%　　　　　　　　B. 20%　　　　　　　　C. 30%　　　　　　　　D. 40%

建设工程造价管理基础知识

[解析] 政府采购合同履行中，采购人需追加与合同标的相同的货物、工程或服务的，在不改变合同其他条款的前提下，可以与供应商协商签订补充合同，但所有补充合同的采购金额不得超过原合同采购金额的10%。

[答案] A

[例题2·单选] 下面属于政府采购的主要采购方式的是（　　）。

A. 公开招标　B. 邀请招标　C. 竞争性谈判　D. 单一来源采购

[解析] 政府采购可采用的方式有：公开招标、邀请招标、竞争性谈判、单一来源采购、询价和国务院政府采购监督管理部门认定的其他采购方式。公开招标应作为政府采购的主要采购方式。

[答案] A

[例题3·单选] 根据《政府采购法实施条例》，政府采购合同后，中标文件要求中标人提交履约保证金的，履约保证金的数额不得超过政府采购合同金额的（　　）。

A. 10%　　　　　　B. 20%　　　　　　C. 30%　　　　　　D. 40%

[解析] 根据《政府采购法实施条例》相关内容，政府采购合同后，中标文件要求中标人提交履约保证金的，履约保证金的数额不得超过政府采购合同金额的10%。

[答案] A

[例题4·单选] 招标文件要求投标人提交投标保证金的，投标保证金不得超过采购项目预算金额的（　　）。

A. 10%　　　　　　　　　　　B. 5%

C. 3%　　　　　　　　　　　D. 2%

[解析] 根据《政府采购法实施条例》相关内容，招标文件要求投标人提交投标保证金的，投标保证金不得超过采购项目预算金额的2%。

[答案] D

四、《民法典》合同编相关内容

《民法典》合同编指出，合同是民事主体之间设立、变更、终止民事法律关系的协议。《民法典》合同编第一分编"通则"中明确了合同订立、合同效力、合同履行、合同保全、合同变更和转让、合同权利义务终止、违约责任等事项。第二分编"典型合同"中明确了19类合同，即：买卖合同，供用电、水、气、热力合同，赠与合同，借款合同，保证合同，租赁合同，融资租赁合同，保理合同，承揽合同，建设工程合同，运输合同，技术合同，保管合同，仓储合同，委托合同，物业服务合同，行纪合同，中介合同，合伙合同。第三分编"准合同"明确了无因管理和不当得利。

（一）合同订立

1. 合同形式

当事人订立合同，有书面形式、口头形式和其他形式。以电子数据交换、电子邮件等方式能够有形地表现所载内容，并可以随时调取查用的数据电文，视为书面形式。建设工程合同应当采用书面形式。

2. 合同订立程序

当事人订立合同，应当采取要约、承诺方式。

（1）要约。

要约是希望与他人订立合同的意思表示。要约应当符合如下规定：①内容具体确定；②表

· 14 ·

明经受要约人承诺，要约人即受该意思表示约束。也就是说，要约必须是特定人的意思表示，必须是以缔结合同为目的，必须具备合同的主要条款。

有些合同在要约之前还会有要约邀请。要约邀请是希望他人向自己发出要约的意思表示。

1）要约生效。

要约到达受要约人时生效。

2）要约撤回和撤销。

要约可以撤回，撤回要约的通知应当在要约到达受要约人前或者与要约同时到达受要约人。

要约可以撤销，但有下列情形之一的，要约不得撤销：①要约人确定了承诺期限或者以其他形式明示要约不可撤销；②受要约人有理由认为要约是不可撤销的，并已经为履行合同做了准备工作。

3）要约失效。

有下列情形之一的，要约失效：①拒绝要约的通知到达要约人；②要约人依法撤销要约；③承诺期限届满，受要约人未做出承诺；④受要约人对要约的内容作出实质性变更。

（2）承诺。

承诺是受要约人同意要约的意思表示。

除根据交易习惯或者要约表明可以通过行为作出承诺的之外，承诺应当以通知的方式做出。

1）承诺期限。承诺应当在要约确定的期限内到达要约人。

2）承诺生效。承诺通知到达要约人时生效。

3）承诺撤回。承诺可以撤回，撤回承诺的通知应当在承诺通知到达要约人之前或者与承诺通知同时到达要约人。

4）逾期承诺。受要约人超过承诺期限发出承诺的，除要约人及时通知受要约人该承诺有效的以外，为新要约。

5）要约内容变更。承诺的内容应当与要约的内容一致。受要约人对要约的内容做出实质性变更的，为新要约。承诺对要约的内容做出非实质性变更的，除要约人及时表示反对或者要约表明承诺不得对要约的内容做出任何变更的以外，该承诺有效，合同的内容以承诺的内容为准。

合同订立的程序见表1-1-2。

表1-1-2　合同订立的程序

程序		内容
要约邀请		（1）有些合同在要约之前还会有要约邀请 （2）要约邀请是希望他人向自己发出要约的意思表示 （3）要约邀请并不是合同成立过程中的必经过程
要约	生效	到达受要约人时
	有效的条件	（1）内容具体确定；以缔结合同为目的 （2）表明经受要约人承诺，要约人即受该意思表示约束
	撤回和撤销	要约可撤回、可撤销，其条件为： 撤回要约的通知应当在要约到达受要约人前或者与要约同时到达受要约人
		要约不得撤销的情形： （1）确定了承诺期限或明示邀约不可撤销 （2）受要约人有理由认为要约不可撤销，并已为履行合同做了准备工作
	失效	（1）拒绝要约的通知到达要约人 （2）要约人依法撤销要约 （3）承诺期限届满，受要约人未做出承诺 （4）受要约人对要约的内容作出实质性变更

程序		内容
承诺	生效	承诺通知到达要约人时生效
	期限	承诺应当在要约确定的期限内到达要约人
	撤回	承诺可以撤回
		撤回承诺的通知应当在承诺通知到达要约人之前或者与承诺通知同时到达要约人
	逾期承诺	除要约人及时通知受要约人该承诺有效的以外,为新要约
	要约内容的变更	承诺的内容应当与要约的内容一致
		受要约人对要约的内容做出实质性变更的,为新要约
		承诺对要约的内容做出非实质性变更的,除要约人及时表示反对或者要约表明承诺不得对要约的内容做出任何变更的以外,该承诺有效

3. 合同成立

承诺生效时合同成立。承诺生效的地点为合同成立的地点。

4. 特殊合同

(1) 特殊需求合同。国家根据抢险救灾、疫情防控或者其他需要下达国家订货任务、指令性任务的,有关民事主体之间应当依照有关法律、行政法规规定的权利和义务订立合同。

依照法律、行政法规的规定,负有发出要约义务的当事人,应当及时发出合理的要约。负有作出承诺义务的当事人,不得拒绝对方合理的订立合同要求。

(2) 预约合同。当事人约定在将来一定期限内订立合同的认购书、订购书、预订书等,构成预约合同。当事人一方不履行预约合同约定的订立合同义务的,对方可以请求其承担预约合同的违约责任。

5. 格式条款

采用格式条款订立合同,有利于提高当事人双方合同订立过程的效率、减少交易成本、避免合同订立过程中因当事人双方一事一议而可能造成的合同内容的不确定性。

(1) 格式条款提供者的义务。

提供格式条款的一方应当遵循公平的原则确定当事人之间的权利义务关系,并采取合理的方式提请对方注意免除或限制其责任的条款,按照对方的要求,对该条款予以说明。

(2) 格式条款无效。

提供格式条款一方免除自己责任、加重对方责任、排除对方主要权利的,该条款无效。此外,《合同》规定的合同无效的情形,同样适用于格式合同条款。

(3) 格式条款的解释。

对格式条款的理解发生争议的,应当按照通常理解予以解释。

对格式条款有两种以上解释的,应当做出不利于提供格式条款一方的解释。格式条款和非格式条款不一致的,应当采用非格式条款。

======典型例题======

[例题1·单选]( ) 是希望和他人订立合同的意思表示。

A. 要约　　　　　　　B. 要约邀请　　　　C. 承诺　　　　　D. 要约引诱

[解析] 根据我国《民法典》的规定,当事人订立合同,需要经过要约和承诺两个阶段。要约是希望与他人订立合同的意思表示。

[答案] A

[**例题2·单选**] 根据《民法典》，合同的成立顺序需要经过（　　）。

A. 要约和承诺两个阶段　　　　　　　　B. 要约邀请、要约和承诺三个阶段

C. 承诺和要约两个阶段　　　　　　　　D. 承诺、要约邀请和要约三个阶段

[**解析**] 根据我国《民法典》的规定，当事人订立合同，需要经过要约和承诺两个阶段。要约邀请不是合同成立的必经阶段。

[**答案**] A

[**例题3·单选**] 某施工单位向某建材供应商发出购买建筑钢材的要约，该供应商在承诺有效期内对该要约做出了完全同意的答复，则该物资采购合同成立的时间是（　　）。[2020真题]

A. 施工单位发出要约时　　　　　　　　B. 建材供应商发出答复文件时

C. 施工单位的要约到达建材供应商时　　D. 建材供应商的答复文件到达施工单位时

[**解析**] 承诺生效时合同成立，承诺到达要约人时生效，因此，选项D描述正确，建设供应商的答复文件到达施工单位时生效，合同成立。

[**答案**] D

[**例题4·单选**] 合同的订立需要经过要约和承诺两个阶段，我国《民法典》规定，要约和承诺的生效是指（　　）。

A. 要约到达受要约人、承诺通知发出

B. 要约通知发出、承诺通知发出

C. 要约通知发出、承诺通知到达要约人

D. 要约到达受要约人、承诺通知到达要约人

[**解析**]《民法典》规定，要约和承诺的生效是指要约到达受要约人、承诺通知到达要约人。

[**答案**] D

[**例题5·多选**] 在下列情形中，构成缔约过失责任的有（　　）。

A. 假借订立合同，恶意进行磋商

B. 故意隐瞒与订立合同有关的重要事实或者提供虚假情况

C. 有其他违背诚实信用原则的行为

D. 当事人在履行合同中没有全面地履行合同的内容

E. 当事人在履行合同中没有按合同标准履行合同的内容

[**解析**] 当事人在订立合同过程中有下列情况之一，给对方造成损失的，应当承担损害赔偿责任：①假借订立合同，恶意进行磋商；②故意隐瞒与订立合同有关的重要事实或者提供虚假情况；③有其他违背诚实信用原则的行为。关于选项D，是当事人在履行合同中的违约情形，不属于缔约过失责任。

[**答案**] ABC

[**例题6·多选**]《民法典》规定，对格式条款的理解发生争议，（　　）。

A. 有两种以上解释时，应作出不利于提供格式条款一方的解释

B. 有两种以上解释时，应作出有利于提供格式条款一方的解释

C. 格式条款与非格式条款不一致时，应采用格式条款

D. 格式条款与非格式条款不一致时，应采用非格式条款

E. 提供格式条款一方免除自身责任，加重对方责任、排除对方主要权利的条款无效

［解析］《民法典》规定，对格式条款的理解发生争议的，应当按照通常理解予以解释。对格式条款有两种以上解释的，应当作出不利于提供格式条款一方的解释。格式条款和非格式条款不一致的，应当采用非格式条款。提供格式条款的一方应当遵循公平的原则确定当事人之间的权利义务关系，并采取合理的方式提请对方注意免除或限制其责任的条款，按照对方的要求，对该条款予以说明。提供格式条款一方免除自己责任、加重对方责任、排除对方主要权利的，该条款无效。

［答案］ADE

（二）合同效力

1.合同生效

合同生效与合同成立是两个不同的概念。

合同生效：是指合同产生法律上的效力，具有法律约束力。

合同成立：是指双方当事人依照有关法律对合同的内容进行协商并达成一致的意见。合同成立的判断依据是承诺是否生效。

在通常情况下，合同依法成立之时，就是合同生效之日，二者在时间上是同步的。但有些合同在成立后，并非立即产生法律效力，而是需要其他条件成立之后，才开始生效。

2.无权代理人代订合同

无权代理人以被代理人的名义订立合同，被代理人已经开始履行合同义务或者接受相对人履行的，视为对合同的追认。

法人的法定代表人或者非法人组织的负责人超越权限订立的合同，除相对人知道或者应当知道其超越权限外，该代表行为有效，订立的合同对法人或者非法人组织发生效力。

3.合同中免责条款无效情形

合同有下列情形之一的，合同无效：

（1）造成对方人身损害的。

（2）因故意或者重大过失造成对方财产损失的。

典型例题

［例题1·单选］订立合同的当事人依照有关法律对合同内容进行协商并达成一致意见时为（　　）。

A.合同订立　　　　　B.合同成立　　　　　C.合同生效　　　　　D.合同有效

［解析］所谓合同成立就是指当事人对合同内容进行协商并达成一致的意见。

［答案］B

［例题2·单选］判断合同是否成立的依据是（　　）。

A.要约是否生效　　　　　　　　　　B.承诺是否生效

C.合同是否有效　　　　　　　　　　D.合同是否生效

［解析］承诺生效时合同成立。

［答案］B

（三）合同履行

1.合同履行的原则

合同履行的原则包括全面履行原则和诚信原则。

2. 合同履行的一般规定

合同有关内容没有约定或者约定不明确问题的处理。

合同生效后，当事人就质量、价款或者报酬、履行地点等内容没有约定或者约定不明确的，可以协议补充；不能达成补充协议的，按照合同有关条款或者交易习惯确定。

(1) 质量要求不明确问题的处理方法：

按照国家标准、行业标准履行。

没有国家标准、行业标准的，按照通常标准或者符合合同目的的特定标准履行。

(2) 价款或者报酬不明确问题的处理方法：

按照订立合同时履行地的市场价格履行。

依法应当执行政府定价或者政府指导价的，按照规定履行。

(3) 履行地点不明确问题的处理方法：

给付货币的，在接受货币一方所在地履行。

交付不动产的，在不动产所在地履行。

其他标的，在履行义务一方所在地履行。

(4) 履行期限不明确问题的处理方法：

债务人可以随时履行，债权人也可以随时要求履行，但应当给对方必要的准备时间。

(5) 履行方式不明确问题的处理方法：

按照有利于实现合同目的的方式履行。

(6) 履行费用的负担不明确问题的处理方法：

由履行义务一方负担。

3. 合同履行的特殊规则

(1) 电子合同履行。

通过互联网等信息网络订立的电子合同的标的为交付商品并采用快递物流方式交付的，收货人的签收时间为交付时间。

电子合同的标的为提供服务的，生成的电子凭证或者实物凭证中载明的时间为提供服务时间；前述凭证没有载明时间或者载明时间与实际提供服务时间不一致的，以实际提供服务的时间为准。

电子合同的标的物为采用在线传输方式交付的，合同标的物进入对方当事人指定的特定系统且能够检索识别的时间为交付时间。

(2) 价格调整。

执行政府定价或政府指导价的，在合同约定的交付期限内政府价格调整时，按照交付时的价格计价。

逾期交付标的物的：价格上涨时，按照原价格执行；价格下降时，按照新价格执行。

逾期提取标的物或者逾期付款的：价格上涨时，按照新价格执行；价格下降时，按照原价格执行。

(3) 债务履行。

以支付金钱为内容的债，除法律另有规定或者当事人另有约定外，债权人可以请求债务人以实际履行地的法定货币履行。

(4) 抗辩权。

1) 当事人互负债务，没有先后履行顺序的，应当同时履行。一方在对方履行之前有权拒绝其履行请求。一方在对方履行债务不符合约定时，有权拒绝其相应的履行请求。

2）当事人互负债务，有先后履行顺序，应当先履行债务一方未履行的，后履行一方有权拒绝其履行请求。先履行一方履行债务不符合约定的，后履行一方有权拒绝其相应的履行请求。

（四）合同保全

1. 代位权

因债务人怠于行使其债权或者与该债权有关的从权利，影响债权人的到期债权实现的，债权人可以向人民法院请求以自己的名义代位行使债务人对相对人的权利，但是该权利专属于债务人自身的除外。

代位权的行使范围以债权人的到期债权为限。

债权人行使代位权的必要费用，由债务人负担。

相对人对债务人的抗辩，可以向债权人主张。

2. 撤销权

债务人以放弃其债权、放弃债权担保、无偿转让财产等方式无偿处分财产权益，或者恶意延长其到期债权的履行期限，影响债权人的债权实现的，债权人可以请求人民法院撤销债务人的行为。

债务人以明显不合理的低价转让财产、以明显不合理的高价受让他人财产或者为他人的债务提供担保，影响债权人的债权实现，债务人的相对人知道或者应当知道该情形的，债权人可以请求人民法院撤销债务人的行为。

撤销权的行使范围以债权人的债权为限。债权人行使撤销权的必要费用，由债务人负担。

撤销权自债权人知道或者应当知道撤销事由之日起一年内行使。

自债务人的行为发生之日起五年内没有行使撤销权的，该撤销权消灭。

（五）合同权利义务终止

标的物提存。提存是指由于债权人的原因致使债务人难以履行债务时，债务人可以将标的物交给有关机关保存，以此消灭合同的制度。

债权人领取提存物的权利，自提存之日起五年内不行使而消灭，提存物扣除提存费用后归国家所有。

典型例题

[例题 1·单选] 根据《民法典》合同编，合同价款或者报酬约定不明确，且通过补充协议等方式不能确定的，应按照（　　）的市场价格履行。

A. 接受货币方所在地　　　　　　　　B. 合同订立地

C. 给付货币方所在地　　　　　　　　D. 订立合同时履行地

[解析] 价款或者报酬不明确的，按照订立合同时履行地的市场价格履行；依法应当执行政府定价或者政府指导价的，按照规定履行。

[答案] D

[例题 2·单选] 根据《民法典》合同编，在执行政府定价的合同履行中，需要按新价格执行的情形是（　　）。

A. 逾期付款的，遇价格上涨时　　　　B. 逾期付款的，遇价格下降时

C. 逾期提取标的物的，遇价格下降时　　D. 逾期交付标的物的，遇价格上涨时

[解析] 逾期提取标的物或者逾期付款的，遇价格上涨时，按照新价格执行；价格下降时，按照原价格执行。

[答案] A

[例题3·单选] 根据《民法典》合同编，执行政府定价或政府指导价的合同时，对于逾期交付标的物的处置方式是（　　）。

A. 遇价格上涨时，按照原价格执行；价格下降时，按照新价格执行

B. 遇价格上涨时，按照新价格执行；价格下降时，按照原价格执行

C. 无论价格上涨或下降，均按照新价格执行

D. 无论价格上涨或下降，均按照原价格执行

[解析] 执行政府定价或政府指导价的，在合同约定的交付期限内政府价格调整时，按照交付时的价格计价。逾期交付标的物的，遇价格上涨时，按照原价格执行；价格下降时，按照新价格执行。逾期提取标的物或者逾期付款的，遇价格上涨时，按照新价格执行；价格下降时，按照原价格执行。

[答案] A

（四）违约责任

1. 违约责任的概念及其特点

违约责任是指合同当事人不履行或不适当履行合同，应依法承担的责任。

与其他责任制度相比，违约责任有以下主要特点：

（1）以有效合同为前提。

（2）以合同当事人不履行或者不适当履行合同义务为要件。

（3）可由合同当事人在法定范围内约定。

（4）是一种民事赔偿责任。

2. 违约责任的承担

（1）违约责任的承担方式。

1）继续履行。继续履行是合同当事人一方违约时，其承担违约责任的首选方式。

2）采取补救措施。

3）赔偿损失。

4）支付违约金。

当事人可以约定一方违约时应当根据违约情况向对方支付一定数额的违约金，也可以约定因违约产生的损失赔偿额的计算方法。

约定的违约金低于造成的损失的，人民法院或者仲裁机构可以根据当事人的请求予以增加；约定的违约金过分高于造成的损失的，人民法院或者仲裁机构可以根据当事人的请求予以适当减少。

当事人就迟延履行约定违约金的，违约方支付违约金后，还应当履行债务。

5）定金。

当事人可以约定一方向对方给付定金作为债权的担保。定金合同自实际交付定金时成立。

债务人履行债务后，定金应当抵作价款或者收回。

给付定金的一方不履行约定的债务的，无权要求返还定金；收受定金的一方不履行约定的债务的，应当双倍返还定金。

当事人既约定违约金，又约定定金的，一方违约时，对方可以选择适用违约金或者定金条款。定金不足以弥补一方违约造成的损失的，对方可以请求赔偿超过定金数额的损失。

（五）建设工程合同

建设工程合同是指承包人进行工程建设，发包人支付价款的合同。

建设工程合同包括工程勘察、设计、施工合同。

1. 建设工程合同无效、验收不合格的处理

建设工程施工合同无效，但建设工程经验收合格的，可以参照合同关于工程价款的约定折价补偿承包人。

建设工程施工合同无效，且建设工程经验收不合格的，按照以下方式处理：

（1）修复后的建设工程经验收合格的，发包人可以请求承包人承担修复费用。

（2）修复后的建设工程经验收不合格的，承包人无权请求参照合同关于工程价款的约定折价补偿。

2. 违约责任

（1）施工人违约责任。

因施工人原因致使建设工程质量不符合约定的，发包人有权请求施工人在合理期限内无偿修理或者返工、改建。

经过修理或者返工、改建后，造成逾期交付的，施工人应当承担违约责任。

（2）发包人违约责任。

发包人未按照约定的时间和要求提供原材料、设备、场地、资金、技术资料的，承包人可以顺延工程日期，并有权请求赔偿停工、窝工等损失。

典型例题

[例题1·单选] 根据《民法典》，债权人领取提存物的权利期限为（　　）年。

A. 1　　　　　　　　B. 2　　　　　　　　C. 3　　　　　　　　D. 5

[解析] 债权人领取提存物的权利期限为5年，超过该期限，提存物扣除提存费用后归国家所有。

[答案] D

[例题2·单选] 根据《民法典》合同编，下列关于定金的说法，正确的是（　　）。

A. 债务人准备履行债务时，定金应当收回

B. 给付定金的一方如不履行债务，无权要求返还定金

C. 收受定金的一方如不履行债务，应当返还定金

D. 当事人既约定违约金，又约定定金的，违约时适用违约金条款

[解析] 债务人履行债务后，定金应当抵作价款或者收回。给付定金的一方不履行约定的债务的，无权要求返还定金；收受定金的一方不履行约定的债务的，应当双倍返还定金。

[答案] B

[例题3·单选] 根据《民法典》合同编，当事人既约定违约金，又约定定金的，一方违约时，对方的正确处理方式是（　　）。

A. 只能选择适用违约金条款　　　　　　B. 只能选择适用定金条款

C. 同时适用违约金和定金条款　　　　　D. 可以选择适用违约金或者定金条款

[解析] 当事人既约定违约金，又约定定金的，一方违约时，对方可以选择适用违约金或者定金条款。

[答案] D

[例题4·多选] 根据《民法典》合同编，关于违约责任的说法，正确的有（　　）。

A. 违约责任以无效合同为前提

B. 违约责任可由当事人在法定范围内约定

C. 违约责任以违反合同义务为要件

D. 违约责任必须以支付违约金的方式承担

E. 违约责任是一种民事赔偿责任

[解析] 违约责任是指合同当事人不履行或不适当履行合同，应依法承担的责任。与其他责任制度相比，违约责任有以下主要特点：①违约责任以有效合同为前提；②违约责任以违反合同义务为要件；③违约责任可由当事人在法定范围内约定；④违约责任是一种民事赔偿责任。

[答案] BCE

[例题5·多选] 下列关于违约责任的说法，正确的有（　　）。

A. 当事人一方违约后，对方没有义务采取措施防止损失的扩大

B. 当事人约定的违约金可以请求公安机关或仲裁机构调整

C. 当事人约定的违约金不能调整

D. 收受定金一方不履行约定的债务的，应当双倍返还定金

E. 定金和违约金不能同时使用，只能选择一种

[解析] 当事人一方违约后，对方应当采取适当措施防止损失的扩大；没有采取适当措施致使损失扩大的，不得就扩大的损失要求赔偿。当事人因防止损失扩大而支出的合理费用，由违约方承担，选项A错误。约定的违约金低于造成的损失的，当事人可以请求人民法院或者仲裁机构予以增加；约定的违约金过分高于造成的损失的，当事人可以请求人民法院或者仲裁机构予以适当减少，选项C错误。注意B选项不是"公安机关"，而是"人民法院"。收受定金的一方不履行约定的债务的，应当双倍返还定金。当事人既约定违约金，又约定定金的，一方违约时，对方可以选择适用违约金或者定金条款。

[答案] DE

五、《价格法》相关内容

（一）价格形成机制

国家实行并逐步完善宏观经济调控下主要由市场形成价格的机制。价格的制定应当符合价值规律，大多数商品和服务价格实行市场调节价，极少数商品和服务价格实行政府指导价或者政府定价。

（二）经营者的价格行为

经营者享有如下权利：

（1）自主制定属于市场调节的价格。

（2）在政府指导价规定的幅度内制定价格。

（3）制订属于政府指导价、政府定价产品范围内的新产品的试销价格，特定产品除外。

（4）检举、控告侵犯其依法自主定价权利的行为。

（三）政府的定价行为

下列商品和服务价格，政府在必要时可以实行政府指导价或政府定价：

（1）与国民经济发展和人民生活关系重大的极少数商品价格。

（2）资源稀缺的少数商品价格。

（3）自然垄断经营的商品价格。

（4）重要的公用事业价格。

（5）重要的公益性服务价格。

政府应当依据有关商品或者服务的社会平均成本和市场供求状况、国民经济与社会发展要求以及社会承受能力，实行合理的购销差价、批零差价、地区差价和季节差价。

制定关系群众切身利益的公用事业价格、公益性服务价格、自然垄断经营的商品价格时，应建立听证会制度，征求消费者、经营者和有关方面的意见。

典型例题

[例题1·单选] 根据《价格法》，政府在制定关系群众切身利益的公用事业价格时，应当建立（   ）制度，征求消费者、经营者和有关方面的意见。

A. 听证会　　　　　　　　　　　　B. 专家咨询

C. 评估会　　　　　　　　　　　　D. 社会公示

[解析] 政府制定关系群众切身利益的公用事业价格、公益性服务价格、自然垄断经营的商品价格时，应建立听证会制度，征求消费者、经营者和有关方面的意见。

[答案] A

[例题2·多选] 根据《价格法》，经营者有权制定的价格有（   ）。

A. 资源稀缺的少数商品价格

B. 自然垄断经营的商品价格

C. 属于市场调节的价格

D. 属于政府定价产品范围的新产品试销价格

E. 公益性服务价格

[解析] 对下列商品和服务价格，政府在必要时可以实行政府指导价或政府定价：①与国民经济发展和人民生活关系重大的极少数商品价格；②资源稀缺的少数商品价格；③自然垄断经营的商品价格；④重要的公用事业价格；⑤重要的公益性服务价格。选项C、D不属于实行政府指导价或政府定价范围，经营者有权制定价格。

[答案] CD

[例题3·多选] 根据《价格法》，政府可依据有关商品或者服务的社会平均成本和市场供求状况、国民经济与社会发展要求以及社会承受能力，实行合理的（   ）。

A. 购销差价　　　　　　　　　　　B. 批零差价

C. 利税差价　　　　　　　　　　　D. 地区差价

E. 季节差价

[解析] 政府应当依据有关商品或者服务的社会平均成本和市场供求状况、国民经济与社会发展要求以及社会承受能力，实行合理的购销差价、批零差价、地区差价和季节差价。制定关系群众切身利益的公用事业价格、公益性服务价格、自然垄断经营的商品价格时，应当建立听证会制度，征求消费者、经营者和有关方面的意见。

[答案] ABDE

六、最高人民法院关于施工合同司法解释有关要求

为更好地审理建设工程施工合同纠纷案件，最高人民法院审判委员会于 2020 年 12 月 25 日通过了新的《最高人民法院关于审理建设工程施工合同纠纷案件适用法律问题的解释（一）》（法释〔2020〕25 号），其中有很多条款与工程造价管理密切相关，见表 1-1-3。

表 1-1-3　与工程造价管理密切相关的内容

项目	内容
开工日期争议解决	当事人对建设工程开工日期有争议的，人民法院应当分别按照以下情形予以认定： （1）开工日期为发包人或者监理人发出的开工通知载明的开工日期 （2）开工通知发出后，尚不具备开工条件的，以开工条件具备的时间为开工日期 （3）因承包人原因导致开工时间推迟的，以开工通知载明的时间为开工日期 （4）承包人经发包人同意已经实际进场施工的，以实际进场施工时间为开工日期
实际竣工日期争议解决	当事人对建设工程实际竣工日期有争议的，人民法院应当按照以下情形予以认定： （1）建设工程经竣工验收合格的，以竣工验收合格之日为竣工日期 （2）承包人已经提交竣工验收报告，发包人拖延验收的，以承包人提交验收报告之日为竣工日期 （3）建设工程未经竣工验收，发包人擅自使用的，以转移占有建设工程之日为竣工日期
工程价款利息争议解决	当事人对欠付工程价款利息计付标准有约定的，按照约定处理；没有约定的，按照同期同类贷款利率或同期贷款市场报价利率计息利息从应付工程价款之日开始计付。当事人对付款时间没有约定或者约定不明的，下列时间视为应付款时间： （1）建设工程已实际交付的，为交付之日 （2）建设工程没有交付的，为提交竣工结算文件之日 （3）建设工程未交付，工程价款也未结算的，为当事人起诉之日
无效合同价款结算争议解决	当事人就同一建设工程订立的数份建设工程施工合同均无效，但建设工程质量合格，一方当事人请求参照实际履行的合同关于工程价款的约定折价补偿承包人的，人民法院应予支持

> **典型例题**
>
> ［**例题 1·单选**］承包人已经提交竣工验收报告，发包人拖延验收的，竣工日期以（　　）为准。
>
> A. 合同约定的竣工日期　　　　　　　　B. 相应顺延
> C. 承包人提交竣工报告之日　　　　　　D. 实际通过的竣工验收之日
>
> ［**解析**］当事人对建设工程实际竣工日期有争议的，按照以下情形分别处理：①建设工程经竣工验收合格的，以竣工验收合格之日为竣工日期；②承包人已经提交竣工验收报告，发包人拖延验收的，以承包人提交验收报告之日为竣工日期；③建设工程未经竣工验收，发包人擅自使用的，以转移占有建设工程之日为竣工日期。
>
> ［**答案**］C
>
> ［**例题 2·单选**］某建设工程项目中标人与招标人签订合同并备案的同时，双方针对结算条款签订了与备案合同完全不同的补充协议。后双方因计价问题发生纠纷，遂诉至法院。法院此时应该以（　　）作为结算工程款的依据。
>
> A. 双方达成的补充协议
> B. 双方签订的备案合同
> C. 类似项目的结算价格
> D. 市场的平均价格

[解析] 当事人就同一建设工程另行订立的建设工程施工合同与经过备案的中标合同实质性内容不一致的，应当以备案的中标合同作为结算工程价款的根据。

[答案] B

[例题3·多选] 关于建设工程实际竣工日期的说法，正确的有（   ）。

A. 经竣工验收合格的，以竣工验收合格之日为竣工日期

B. 经竣工验收合格的，以发包人组织验收之日为竣工日期

C. 发包人拖延验收的，以竣工验收合格之日为竣工日期

D. 发包人拖延验收的，以承包人提交竣工验收报告之日为竣工日期

E. 未经竣工验收，发包人擅自使用的，以转移占有建设工程之日为竣工日期

[解析] 根据《施工合同法律解释一》的相关规定，当事人对建设工程实际竣工日期有争议的，按照以下情形分别处理：建设工程经竣工验收合格的，以竣工验收合格之日为竣工日期；承包人已经提交竣工验收报告，发包人拖延验收的，以承包人提交验收报告之日为竣工日期；建设工程未经竣工验收发包人擅自使用的，以转移占有建设工程之日为竣工日期。

[答案] ADE

(二)《施工合同法律解释二》相关规定

当事人对建设工程开工日期有争议的，人民法院应当分别按照以下情形予以认定：

(1) 开工日期为发包人或者监理人发出的开工通知载明的开工日期。

(2) 开工通知发出后，尚不具备开工条件的，以开工条件具备的时间为开工日期。

(3) 因承包人原因导致开工时间推迟的，以开工通知载明的时间为开工日期。

(4) 承包人经发包人同意已经实际进场施工的，以实际进场施工时间为开工日期。

第二节　工程造价管理制度

一、工程造价咨询企业管理

(一) 工程造价咨询企业业务承接

1. 业务范围

(1) 建设项目建议书及可行性研究投资估算、项目经济评价报告的编制和审核。

(2) 建设项目概预算的编制与审核，并配合设计方案比选、优化设计、限额设计等工作进行工程造价分析与控制。

(3) 建设项目合同价款的确定（包括招标工程工程量清单和标底、投标报价的编制和审核）；合同价款的签订与调整（包括工程变更、工程洽商和索赔费用的计算）与工程款支付，工程结算及竣工结（决）算报告的编制与审核等。

(4) 工程造价经济纠纷的鉴定和仲裁的咨询。

(5) 提供工程造价信息服务等。

工程造价咨询企业可以对建设项目的组织实施进行全过程或者若干阶段的管理和服务，也可接受委托提供全过程工程咨询。

2. 跨省区承接业务

工程造价咨询企业跨省、自治区、直辖市承接工程造价咨询业务的，应当自承接业务之日

起 30 日内到建设工程所在地省、自治区、直辖市人民政府建设主管部门备案。

[例题·单选] 根据《工程造价咨询企业管理办法》，下列关于工程造价咨询企业的说法，不正确的是（　　）。

A. 工程结算及竣工结（决）算报告的编制与审核

B. 工程造价咨询企业可鉴定工程造价经济纠纷

C. 工程造价咨询企业可编制工程项目经济评价报告

D. 工程造价经济纠纷的鉴定和仲裁

[解析] 工程造价咨询业务范围包括：①建设项目建议书及可行性研究投资估算、项目经济评价报告的编制和审核。②建设项目概预算的编制与审核，并配合设计方案比选、优化设计、限额设计等工作进行工程造价分析与控制。③建设项目合同价款的确定（包括招标工程工程量清单和标底、投标报价的编制和审核）；合同价款的签订与调整（包括工程变更、工程洽商和索赔费用的计算）与工程款支付，工程结算及竣工结（决）算报告的编制与审核等。④工程造价经济纠纷的鉴定和仲裁的咨询。⑤提供工程造价信息服务等。

[答案] D

（二）工程造价咨询企业法律责任

1. 经营违规责任

跨省、自治区、直辖市承接业务不备案的，由县级以上地方人民政府住房城乡建设主管部门或者有关专业部门给予警告，责令限期改正；逾期未改正的，可处以 5000 元以上 2 万元以下的罚款。

2. 其他违规责任

工程造价咨询企业有下列行为之一的，由县级以上地方人民政府住房城乡建设主管部门或者有关专业部门给予警告，责令限期改正，并处以 1 万元以上 3 万元以下的罚款：

（1）同时接受招标人和投标人或两个以上投标人对同一工程项目的工程造价咨询业务。

（2）以给予回扣、恶意压低收费等方式进行不正当竞争。

（3）转包承接的工程造价咨询业务。

（4）法律、法规禁止的其他行为。

[例题 1·单选] 下列关于工程造价咨询单位业务范围的说法，正确的是（　　）。[2020 真题]

A. 超越资质承揽业务

B. 转包工程造价咨询业务

C. 同一项目同时接受投标人和招标人的咨询

D. 同时接受三个投标人对不同项目的咨询

[解析] 工程造价咨询企业不得有下列行为：①涂改、倒卖、出租、出借资质证书，或者以其他形式非法转让资质证书；②超越资质等级业务范围承接工程造价咨询业务；③同时接受招标人和投标人或两个以上投标人对同一工程项目的工程造价咨询业务；④以给予回扣、恶意压价收费等方式进行不正当竞争；⑤转包承接的工程造价咨询业务；⑥法律法规禁止的其他行为。

［答案］D

［例题2·单选］根据《工程造价咨询企业管理办法》，工程造价咨询企业应办理而未及时办理资质证书变更手续的，由资质许可机关责令限期办理，逾期不办理的，可处以（　　）以下的罚款。

A. 5000 元

B. 1 万元

C. 2 万元

D. 3 万元

［解析］工程造价咨询企业不及时办理资质证书变更手续的，由资质许可机关责令限期办理；逾期不办理的，可处以 1 万元以下的罚款。

［答案］B

［例题3·多选］根据《工程造价咨询企业管理办法》，工程造价咨询企业可被处以 1 万元以上 3 万元以下罚款的情形有（　　）。

A. 跨地区承接业务不备案的

B. 出租、出借资质证书的

C. 同时接受招标人和投标人对同一工程的造价咨询的

D. 提供虚假材料申请资质的

E. 隐瞒有关情况申请资质的

［解析］跨地区承接业务不备案的应处以 5000 元以上 2 万元以下罚款，选项 A 错误。申请人隐瞒有关情况或者提供虚假材料申请工程造价咨询企业资质的，不予受理或者不予资质许可，并给予警告，申请人在 1 年内不得再次申请工程造价咨询企业资质，选项 D、E 错误。

［答案］BC

二、造价工程师职业资格管理

造价工程师分为一级造价工程师和二级造价工程师。造价工程师应在本人工程造价咨询成果文件上签章，并承担相应责任。工程造价咨询成果文件应由一级造价工程师审核并加盖执业印章。

（一）一级造价工程师执业范围

一级造价工程师执业范围包括建设项目全过程的工程造价管理与咨询等，具体工作内容有：

（1）项目建议书、可行性研究投资估算与审核，项目评价造价分析。

（2）建设工程设计概算、施工预算编制和审核。

（3）建设工程招标投标文件工程量和造价的编制与审核。

（4）建设工程合同价款、结算价款、竣工决算价款的编制与管理。

（5）建设工程审计、仲裁、诉讼、保险中的造价鉴定，工程造价纠纷调解。

（6）建设工程计价依据、造价指标的编制与管理。

（7）与工程造价管理有关的其他事项。

（二）二级造价工程师执业范围

二级造价工程师主要协助一级造价工程师开展相关工作，可独立开展以下具体工作：

（1）建设工程工料分析、计划、组织与成本管理，施工图预算、设计概算编制。

（2）建设工程量清单、最高投标限价、投标报价编制。

（3）建设工程合同价款、结算价款和竣工决算价款的编制。

典型例题

[例题1·单选] 下列各项中，不属于二级造价工程师执业范围的是（　　）。[2020真题]

A. 工程造价纠纷调解

B. 施工图预算、设计概算编制

C. 建设工程量清单最高投标限价编制

D. 投标报价编制

[解析] 二级造价工程师主要协助一级造价工程师开展相关工作，可独立开展以下具体工作：①建设工程工料分析、计划、组织与成本管理，施工图预算、设计概算编制；②建设工程量清单、最高投标限价、投标报价编制；③建设工程合同价款、结算价款和竣工决算价款的编制。

[答案] A

[例题2·多选] 根据《注册造价工程师管理办法》，一级注册造价工程师的执业范围有（　　）。

A. 工程概算的审核和批准

B. 建设工程设计概算的编制和审核

C. 建设工程招标投标文件工程量和造价的编制与审核

D. 建设工程审计、仲裁、诉讼、保险中的造价鉴定

E. 工程经济纠纷的调解和裁定

[解析] 一级注册造价工程师的执业范围：①项目建议书、可行性研究投资估算与审核，项目评价造价分析；②建设工程设计概算、施工预算编制和审核；③建设工程招标投标文件工程量和造价的编制与审核；④建设工程合同价款、结算价款、竣工决算价款的编制与管理；⑤建设工程审计、仲裁、诉讼、保险中的造价鉴定，工程造价纠纷调解；⑥建设工程计价依据、造价指标的编制与管理；⑦与工程造价管理有关的其他事项。

[答案] BCD

◆ 同步强化训练

一、单项选择题（每题的备选项中，只有1个最符合题意）

1. 根据《建筑法》，建筑工程发包中禁止的行为是（　　）。

　A. 直接发包　　　　　　　　　　　　B. 招标发包

　C. 肢解发包　　　　　　　　　　　　D. 间接发包

2. 施工现场安全由（　　）负责。

　A. 建设单位　　　　　　　　　　　　B. 建筑施工企业

　C. 监理单位　　　　　　　　　　　　D. 设计单位

3. 根据《建筑法》，在建的建筑工程因故中止施工的，建设单位应当自中止施工起（　　）个月内向发证机关报告。

　A. 1　　　　　　　　　　　　　　　　B. 2

　C. 3　　　　　　　　　　　　　　　　D. 6

4. 根据《建设工程质量管理条例》，在正常使用条件下，设备安装工程的最低保修期限是（　　）年。

　A. 1　　　　　　　　　　　　　　　　B. 2

　C. 3　　　　　　　　　　　　　　　　D. 4

5. 根据《建设工程质量管理条例》，在正常使用条件下，供热与供冷系统的最低保修期限是（　　）个采暖期、供冷期。

A. 1 　　　　　　　　　　　B. 2

C. 3 　　　　　　　　　　　D. 4

6. 判断合同是否成立的依据是（　　）。

A. 合同是否生效

B. 合同是否产生法律约束力

C. 要约是否生效

D. 承诺是否生效

7. 根据《民法典》合同编，当事人既约定违约金，又约定定金的，一方违约时，对方的正确处理方式是（　　）。

A. 只能选择适用违约金条款

B. 只能选择适用定金条款

C. 同时适用违约金和定金条款

D. 可以选择适用违约金或者定金条款

8. 政府采购合同履行中，采购人需追加与合同标的相同的货物、工程或服务的，在不改变合同其他条款的前提下，可以与供应商协商签订补充合同，但所有补充合同的采购金额不得超过原合同采购金额的（　　）。

A. 10% 　　　　　　　　　　B. 20%

C. 30% 　　　　　　　　　　D. 40%

9. 由于债权人的原因致使债务人难以履行债务时，债务人可以中止履行或者将标的物（　　）。

A. 变卖 　　　　　　　　　　B. 提存

C. 抵押 　　　　　　　　　　D. 寄存

10. （　　）条款是当事人为了重复使用而预先拟定，并在订立合同时未与对方协商的条款。

A. 格式 　　　　　　　　　　B. 约定

C. 法定 　　　　　　　　　　D. 拟定

11. 建设工程合同应当采用（　　）形式。

A. 书面 　　　　　　　　　　B. 口头

C. 其他 　　　　　　　　　　D. 固定

12. 根据《招标投标法》，投标人少于（　　）个的，招标人应当重新招标。

A. 2 　　　　　　　　　　　B. 3

C. 4 　　　　　　　　　　　D. 5

二、多项选择题（每题的备选项中，有2个或2个以上符合题意，至少有1个错项）

1. 根据《建设工程质量管理条例》，关于施工单位承揽工程的说法，正确的有（　　）。

A. 施工单位应在资质等级许可的范围内承揽工程

B. 施工单位不得以其他施工单位的名义承揽工程

C. 施工单位可允许个人以本单位的名义承揽工程

D. 施工单位不得转包所承揽的工程

E. 施工单位不得分包所承揽的工程

2. 《建筑法》规定的建筑许可内容有（　　）。

　　A. 建筑工程施工许可

　　B. 建筑工程监理许可

　　C. 建筑工程规划许可

　　D. 从业资格许可

　　E. 建设投资规模许可

3. 对于列入建设工程概算的安全作业环境及安全施工措施所需的费用，施工单位应当用于（　　）。

　　A. 安全生产条件改善

　　B. 专职安全管理人员工资发放

　　C. 施工安全设施更新

　　D. 安全事故损失赔付

　　E. 施工安全防护用具采购

4. 根据《建设工程安全生产管理条例》，施工单位应当对达到一定规模的危险性较大的（　　）编制专项施工方案。

　　A. 土方开挖工程　　　　　　　　　B. 钢筋工程

　　C. 模板工程　　　　　　　　　　　D. 混凝土工程

　　E. 脚手架工程

5. 根据《民法典》合同编，关于违约责任的说法，正确的有（　　）。

　　A. 违约责任以无效合同为前提

　　B. 违约责任可由当事人在法定范围内约定

　　C. 违约责任以违反合同义务为要件

　　D. 违约责任必须以支付违约金的方式承担

　　E. 违约责任是一种民事赔偿责任

6. 根据《建筑法》，申请领取施工许可证应当具备的条件有（　　）。

　　A. 已办理建筑工程用地批准手续

　　B. 已取得施工用地的所有权

　　C. 已经确定建筑施工单位

　　D. 有保证工程质量和安全的具体措施

　　E. 有满足相关部门要求的施工设备

7. 根据《民法典》合同编，违约责任的特点包括（　　）。

　　A. 以有效合同为前提

　　B. 可由合同当事人在法定范围内约定

　　C. 是一种民事赔偿责任

　　D. 是一种刑事赔偿责任

　　E. 以合同当事人不履行或者不适当履行义务为要件

>>> 参考答案及解析 <<<

一、单项选择题

1.［答案］C

［解析］对建筑工程实行总承包，禁止将建筑工程肢解发包。建筑工程的发包单位可以

将建筑工程的勘察、设计、施工、设备采购一并发包给一个工程总承包单位。但是，不得将应当由一个承包单位完成的建筑工程肢解成若干部分发包给几个承包单位。

2. ［答案］B

［解析］根据《建筑法》，施工现场安全由建筑施工企业负责。实行施工总承包的，由总承包单位负责。分包单位向总承包单位负责，服从总承包单位对施工现场的安全生产管理。

3. ［答案］A

［解析］在建的建筑工程因故中止施工的，建设单位应当自中止施工之日起1个月内，向发证机关报告，并按照规定做好建设工程的维护管理工作。

4. ［答案］B

［解析］根据《建设工程质量管理条例》，在正常使用条件下，建设工程最低保修期限为：①基础设施工程、房屋建筑的地基基础工程和主体结构工程，为设计文件规定的该工程合理使用年限；②屋面防水工程、有防水要求的卫生间、房间和外墙面的防渗漏，为5年；③供热与供冷系统，为2个采暖期、供冷期；④电气管道、给排水管道、设备安装和装修工程，为2年。其他工程的保修期限由发包方与承包方约定。

5. ［答案］B

［解析］根据《建设工程质量管理条例》，在正常使用条件下，建设工程最低保修期限为：①基础设施工程、房屋建筑的地基基础工程和主体结构工程，为设计文件规定的该工程合理使用年限；②屋面防水工程、有防水要求的卫生间、房间和外墙面的防渗漏，为5年；③供热与供冷系统，为2个采暖期、供冷期；④电气管道、给排水管道、设备安装和装修工程，为2年。其他工程的保修期限由发包方与承包方约定。

6. ［答案］D

［解析］承诺生效时合同成立。

7. ［答案］D

［解析］当事人既约定违约金，又约定定金

的，一方违约时，对方可以选择适用违约金或者定金条款。

8. ［答案］A

［解析］政府采购合同履行中，采购人需追加与合同标的相同的货物、工程或服务的，在不改变合同其他条款的前提下，可以与供应商协商签订补充合同，但所有补充合同的采购金额不得超过原合同采购金额的10%。

9. ［答案］B

［解析］所谓提存，是指由于债权人的原因致使债务人难以履行债务时，债务人可以将标的物交给有关机关保存，以此消灭合同的行为。

10. ［答案］A

［解析］格式条款是当事人为了重复使用而预先拟定，并在订立合同时未与对方协商的条款。

11. ［答案］A

［解析］根据《民法典》，当事人订立合同，有书面形式、口头形式和其他形式。建设工程合同应当采用书面形式。

12. ［答案］B

［解析］根据《招标投标法》，投标人少于3个的，招标人应当依照《招标投标法》重新招标。

二、多项选择题

1. ［答案］ABD

［解析］承包建筑工程的单位应当持有依法取得的资质证书，并在其资质等级许可的业务范围内承揽工程。禁止建筑施工企业超越本企业资质等级许可的业务范围或者以任何形式用其他建筑施工企业的名义承揽工程。禁止建筑施工企业以任何方式允许其他单位或个人使用本企业的资质证书、营业执照，以本企业的名义承揽工程。禁止承包单位将其承包的全部建筑工程转包给他人，或将承包的全部建筑工程肢解以后以分包的名义分别转包给他人。禁止总承包单位将工程分包给不具备资质条件的单位。禁止分包单位将其承包的工程再分包。

2. ［答案］AD

［解析］建筑许可包括建筑工程施工许可和从业资格两个方面。

3. ［答案］ACE

［解析］施工单位对列入建设工程概算的安全作业环境及安全施工措施所需费用，应当用于施工安全防护用具及设施的采购和更新、安全施工措施的落实、安全生产条件的改善，不得挪作他用。

4. ［答案］ACE

［解析］施工单位应当在施工组织设计中编制安全技术措施和施工现场临时用电方案，对下列达到一定规模的危险性较大的分部分项工程编制专项施工方案，并附具安全验算结果，经施工单位技术负责人、总监理工程师签字后实施，由专职安全生产管理人员进行现场监督：①基坑支护与降水工程；②土方开挖工程；③模板工程；④起重吊装工程；⑤脚手架工程；⑥拆除、爆破工程；⑦国务院建设行政主管部门或者其他有关部门规定的其他危险性较大的工程。

5. ［答案］BCE

［解析］违约责任是指合同当事人不履行或不适当履行合同，应依法承担的责任。与其他责任制度相比，违约责任有以下主要特点：①违约责任以有效合同为前提；②违约责任以违反合同义务为要件；③违约责任可由当事人在法定范围内约定；④违约责任是一种民事赔偿责任。

6. ［答案］ACD

［解析］除国务院建设行政主管部门确定的限额以下的小型工程外，建筑工程开工前，建设单位应当按照国家有关规定向工程所在地县级以上人民政府建设行政主管部门申请领取施工许可证。申请领取施工许可证的条件。申请领取施工许可证，应当具备如下条件：①已办理该建筑工程用地批准手续；②依法应当办理建设工程规划许可证的，已取得建筑工程规划许可证；③需要拆迁的，其拆迁进度符合施工要求；④已经确定建筑施工企业；⑤有满足施工需要的资金安排、施工图纸及技术资料；⑥有保证工程质量和安全的具体措施。

7. ［答案］ABCE

［解析］根据《民法典》合同编，违约责任的特点有：①以有效合同为前提；②以合同当事人不履行或者不适当履行合同义务为要件；③可由合同当事人在法定范围内约定；④是一种民事赔偿责任。

第二章　工程项目管理

本章主要讲述的是工程项目管理一些基本理论内容，包括工程项目组成和分类、工程建设程序、工程项目管理目标和内容、工程项目实施模式等内容。

本章考核内容并不难，题目分布比较集中，对考核的内容、形式相对固定，考生可以通过相关题目的训练理解本考点的具体内容。

■ 知识脉络

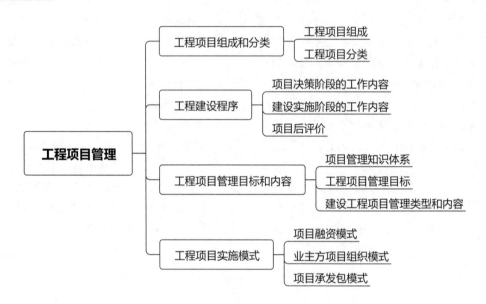

第一节　工程项目组成和分类

一、工程项目组成

建设工程按照分部组合大小依次可分为：单项工程、单位（子单位）工程、分部（子分部）工程、分项工程。

（一）单项工程

单项工程是一个建设项目中具有独立设计文件，竣工投产后可独立发挥生产能力或工程投资效益的一组配套齐全的工程项目。

比如说工业企业建设中的各个生产车间、办公楼、仓库等工程。

（二）单位（子单位）工程

单位工程是指具备独立施工条件并能形成独立使用功能的建筑物或构筑物。

单项工程中所包含的不同性质的单位工程，如工业厂房工程中的土建工程、工业管道工程、设备安装工程等。

（三）分部（子分部）工程

分部工程是指不能独立发挥能力或效益，同时又不具备独立施工条件，将单位工程按专业性质、建筑部位等划分的工程。

如房屋建筑单位工程，可按专业性质、建筑部位划分为地基与基础，主体结构，装饰装修，屋面，给排水及采暖，通风与空调，建筑电气，智能建筑，建筑节能，电梯等分部工程。（五＋五）

（四）分项工程

分项工程是分部工程的细分，指将分部工程按主要工种、材料、施工工艺、设备类别等划分的工程。

例如，土方开挖、土方回填、钢筋、模板、混凝土、砖砌体、木门窗制作与安装、钢结构基础等工程均属于分项工程。（计量的基本单元）

二、工程项目分类

（一）按投资效益和市场需求划分

按投资效益和市场需求，工程项目可划分为竞争性项目、基础性项目和公益性项目。

（二）按投资来源划分

按投资来源，工程项目可划分为政府投资项目和非政府投资项目。

1. 政府投资项目

按照其盈利性不同，政府投资项目又可分为经营性政府投资项目和非经营性政府投资项目。

经营性政府投资项目应实行项目法人责任制。

非经营性政府投资项目可实施"代建制"。

2. 非政府投资项目

非政府投资项目一般均实行项目法人责任制。

典型例题

[例题1·单选] 下列建设工程项目的组成内容，属于单位工程的是（　　）。[2020真题]

A. 图书馆的计算机机房工程　　　　　B. 商住楼的通风与空调工程

C. 工业厂房中的设备安装工程　　　　D. 机场航站楼的电梯工程

[解析] 图书馆的计算机机房工程属于子分部工程；商住楼的通风与空调工程属于分部工程；工业厂房中的设备安装工程属于单位工程；机场航站楼的电梯工程属于子分部工程。

[答案] C

[例题2·单选] 对于一般工业与民用建筑工程而言，下列工程中，属于分部工程的是（　　）。

A. 通风与空调工程　　　　　　　　　B. 砖砌体工程

C. 玻璃幕墙工程　　　　　　　　　　D. 裱糊与软包工程

[解析] 分部工程是单位工程的组成部分，应按专业性质、建筑部位确定。一般工业与民用建筑工程的分部工程包括：地基与基础工程、主体结构工程、装饰装修工程、屋面工程、给排水及采暖工程、电气工程、智能建筑工程、通风与空调工程、电梯工程等。

[答案] A

[例题 3·单选] 根据《建筑工程施工质量验收统一标准》，下列工程中，属于分项工程的是（　　）。

A. 计算机机房工程

B. 轻钢结构工程

C. 土方开挖工程

D. 外墙防水工程

[解析] 分项工程是指将分部工程按主要工种、材料、施工工艺、设备类别等划分的工程。例如，土方开挖、土方回填、钢筋、模板、混凝土、砖砌体、木门窗制作与安装、玻璃幕墙等工程。

[答案] C

第二节　工程建设程序

一、项目决策阶段的工作内容

（一）编制项目建议书

项目建议书是项目筹建单位或项目法人，就某一新建、扩建的拟建项目提出的项目建议文件，是对工程项目的框架性的设想。

（二）编制可行性研究报告

可行性研究是在建设项目投资决策前对有关项目建设方案、技术方案或生产经营方案在技术上是否可行、经济上是否合理进行的分析和论证。

（三）投资决策管理制度

根据《国务院关于投资体制改革的决定》，我国政府投资项目实行审批制；非政府投资项目实行核准制或登记备案制。

1. 政府投资项目的相关规定

对于采用直接投资和资本金注入方式的政府投资项目，政府需要从投资决策的角度审批项目建议书和可行性研究报告，除特殊情况外，不再审批开工报告，同时还要严格审批其初步设计和概算；对于采用投资补助、转贷和贷款贴息方式的政府投资项目，则只审批资金申请报告。

特别重大的项目还应实行专家评议制度。

国家将逐步实行政府投资项目公示制度，以广泛听取各方面的意见和建议。

2. 非政府投资项目的相关规定

对于企业不使用政府资金投资建设的项目，政府不再进行投资决策性质的审批，区别不同情况实行核准制或登记备案制。

（1）核准制。企业投资建设《政府核准的投资项目目录》中的项目时，仅需向政府提交项目申请报告，不再经过批准项目建议书、可行性研究报告和开工报告的程序。

（2）备案制。对于《政府核准的投资项目目录》以外的企业投资项目，实行备案制。除国家另有规定外，由企业按照属地原则向地方政府投资主管部门备案。

投资决策管理制度见图 2-2-1。

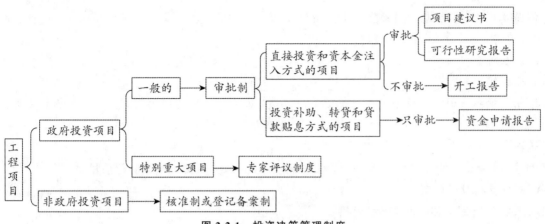

图 2-2-1　投资决策管理制度

典型例题

[例题1·单选] 根据《国务院关于投资体制改革的决定》，对于采用投资补助方式的政府投资项目，政府需要审批的文件是（　　）。

A. 项目建议书

B. 可行性研究报告

C. 资金申请报告

D. 初步设计和概算

[解析] 对于采用直接投资和资本金注入方式的政府投资项目，政府需要从投资决策的角度审批项目建议书和可行性研究报告，除特殊情况外不再审批开工报告，同时还要严格审批其初步设计和概算；对于采用投资补助、转贷和贷款贴息方式的政府投资项目，则只审批资金申请报告。

[答案] C

[例题2·单选] 根据《国务院关于投资体制改革的决定》，对于采用直接投资和资本金注入方式的政府投资项目，除特殊情况外，政府部门不再审批（　　）。

A. 开工报告　　　　　　　　　　B. 初步设计

C. 工程概算　　　　　　　　　　D. 可行性研究报告

[解析] 对于采用直接投资和资本金注入方式的政府投资项目，政府需要从投资决策的角度审批项目建议书和可行性研究报告，除特殊情况外，不再审批开工报告，同时还要严格审批其初步设计和概算；对于采用投资补助、转贷和贷款贴息方式的政府投资项目，则只审批资金申请报告。

[答案] A

[例题3·单选] 关于《国务院关于投资体制改革的决定》，特别重大的政府投资项目应实行（　　）制度。

A. 网上公示　　　　　　　　　　B. 咨询论证

C. 专家评议　　　　　　　　　　D. 民众听证

[解析] 根据《国务院关于投资体制改革的决定》，特别重大的政府投资项目应实行专家评议制度。

[答案] C

［例题 4·单选］根据《国务院关于投资体制改革的决定》（国发〔2004〕20 号），政府投资项目实行（　　）。［2020 真题］

A. 核准制
B. 登记备案制

C. 审批制
D. 听证制

［解析］根据《国务院关于投资体制改革的决定》（国发〔2004〕20 号），政府投资项目实行审批制；非政府投资项目实行核准制或登记备案制。

［答案］C

［例题 5·单选］根据《国务院关于投资体制改革的决定》，实行备案制的项目是（　　）。

A. 政府直接投资的项目

B. 采用资金注入方式的政府投资项目

C.《政府核准的投资项目目录》外的企业投资项目

D.《政府核准的投资项目目录》内的企业投资项目

［解析］根据《国务院关于投资体制改革的决定》，政府投资项目实行审批制；非政府投资项目实行核准制或登记备案制。对于《政府核准的投资项目目录》以外的企业投资项目，实行备案制。除国家另有规定外，由企业按照属地原则向地方政府投资主管部门备案。

［答案］C

二、建设实施阶段的工作内容

（一）工程设计阶段的工作内容

（1）初步设计。

如果初步设计提出的总概算超过可行性研究报告总投资的 10% 以上或其他主要指标需要变更时，应说明原因和计算依据，并重新向原审批单位报批可行性研究报告。

（2）技术设计。

（3）施工图设计。

根据《房屋建筑和市政基础设施工程施工图设计文件审查管理办法》，建设单位应当将施工图送施工图审查机构审查，施工图审查机构对施工图审查的内容包括：

1）是否符合工程建设强制性标准。

2）地基基础和主体结构的安全性。

3）消防安全性。

4）人防工程（不含人防指挥工程）防护安全性。

5）是否符合民用建筑节能强制性标准，对执行绿色建筑标准的项目，还应当审查是否符合绿色建筑标准。

6）勘察设计企业和注册执业人员以及相关人员是否按规定在施工图上加盖相应的图章和签字。

7）法律、法规、规章规定必须审查的其他内容。

（二）建设准备阶段的工作内容

1. 办理工程质量监督手续

在办理施工许可证之前建设单位应当到规定的工程质量监督机构办理工程质量监督注册手续。办理质量监督注册手续时需提供下列资料：①施工图设计文件审查报告和批准书；②中标通知书和施工、监理合同；③建设单位、施工单位和监理单位工程项目的负责人和机构组成；④施工组织设计和监理规划；⑤其他需要的文件资料。

2. 办理施工许可证

建设单位在开工前应当向工程所在地县级以上人民政府建设行政主管部门申请领取施工许可证。

━━━ 典型例题 ━━━

[例题1·单选] 建设单位在办理工程质量监督注册手续时，需提供的资料是（　　）。

A. 投标文件　　　　　　　　　　　B. 专项施工方案

C. 施工组织设计　　　　　　　　　D. 施工图设计文件

[解析] 建设单位在办理施工许可证之前应当到规定的工程质量监督机构办理工程质量监督注册手续。提交资料有：①施工图设计文件审查报告和批准书；②中标通知书和施工、监理合同；③建设单位、施工单位和监理单位工程项目的负责人和机构组成；④施工组织设计和监理规划（监理实施细则）；⑤其他需要的文件资料。

[答案] C

[例题2·单选] 下列项目开工建设准备工作中，在办理工程质量监督手续之后才能进行的工作是（　　）。

A. 办理施工许可证　　　　　　　　B. 编制施工组织设计

C. 编制监理规划　　　　　　　　　D. 审查施工图设计文件

[解析] 选项B、C、D是办理工程质量监督手续过程进行的工作。办理施工许可证是开工前建设单位的准备工作。

[答案] A

[例题3·单选] 建设工程施工许可证应当由（　　）申请领取。

A. 施工单位　　　　　　　　　　　B. 设计单位

C. 监理单位　　　　　　　　　　　D. 建设单位

[解析] 建设工程施工许可证应当由建设单位申请领取。

[答案] D

[例题4·单选] 当初步设计提出的总概算超过可行性研究报告总投资的（　　）以上或其他主要指标需变更时，应说明原因和计算依据，并重新向原审批单位报批可行性研究报告。

A. 5%　　　　　　　　　　　　　　B. 10%

C. 15%　　　　　　　　　　　　　D. 20%

[解析] 如果初步设计提出的总概算超过可行性研究报告总投资的10%以上或其他主要指标需要变更时，应说明原因和计算依据，并重新向原审批单位报批可行性研究报告。

[答案] B

三、项目后评价

项目后评价是指在项目已经完成并运行一段时间后，对项目的目标、执行的过程、效益等进行系统的、客观的分析和总结的一种技术经济活动。

项目后评价的基本方法是对比法，是将项目建成投产后所取得的实际效果、相关效益的情况与前期决策阶段的预测情况相比较，从中发现不足，总结经验和教训的过程。

第三节　工程项目管理目标和内容

从事工程项目管理的企业（以下简称工程项目管理企业）受业主委托，按照合同约定，代表业主对工程项目的组织实施进行全过程或若干阶段的管理和服务（也有些企业，拥有自己的施工组织，自行建设和管理自己的工程项目，也属于工程项目管理范围，管理方式和过程参考工程项目企业）。

项目管理是指项目管理的企业按照合同约定，为达到项目目标代表业主对工程项目的组织实施进行全过程或若干阶段的管理和服务的过程。

一、项目管理知识体系

项目管理知识体系包括 10 个知识领域，即整合管理、范围管理、进度管理、费用管理、质量管理、资源管理、沟通管理、风险管理、采购管理和利益相关者管理。

二、工程项目管理目标

工程项目管理的核心内容是控制项目基本的质量目标、造价目标、进度目标，最终使项目功能得以实现，以满足项目使用者及利益相关者要求。

三、建设工程项目管理类型和内容

工程项目管理类型有：业主方项目管理、工程总承包方项目管理、设计方项目管理、施工方项目管理、供货方项目管理。

工程项目管理的任务有：合同管理、组织协调、目标控制、风险管理、信息管理、环保与节能。

在工程建设中，对于环保方面有要求的工程项目。在进行可行性研究时，必须提出环境影响评价报告；在项目实施阶段，必须做到"三同时"，即主体工程与环保措施工程同时设计、同时施工、同时投入运行。

━━━ 典型例题 ━━━

［例题 1·单选］工程项目管理的核心是控制（　　），最终体现项目功能，以满足项目使用者及利益相关者需求。［2020 真题］

A. 项目设计　　　　　　B. 项目施工　　　　　C. 项目采购　　　　　D. 项目目标

［解析］工程项目管理的核心是控制项目基本目标（质量、造价、进度），最终实现项目功能，以满足项目使用者及利益相关者需求。

［答案］D

［例题 2·单选］为了有效保护环境，在项目实施阶段应做到"三同时"。这里的"三同时"是指主体工程与环保措施工程要（　　）。

A. 同时施工、同时验收、同时投入运行　　　　　B. 同时审批、同时设计、同时施工

C. 同时设计、同时施工、同时投入运行　　　　　D. 同时施工、同时移交、同时使用

［解析］在项目实施阶段，必须做到"三同时"，即主体工程与环保措施工程同时设计、同时施工、同时投入运行。

［答案］C

第四节　工程项目实施模式

一、项目融资模式

（一）BOT/PPP 模式

1. PPP 模式及其分类

PPP（Public-Private-Partnership）模式有广义和狭义之分。

狭义的 PPP 模式被认为是具有融资模式的总称，包含 BOT、TOT、TBT 等多种具体运作模式。

广义的 PPP 模式是指政府与社会资本为提供公共产品或服务而建立的各种合作关系。

根据社会资本参与程度由小到大，国际上将广义 PPP 模式分为外包类、特许经营类和私有化类三种。

2. BOT 模式及其基本形式

通常所说的 BOT 模式主要有以下三种基本形式：

（1）标准 BOT（Build-Operate-Transfer）即建设—经营—移交。

（2）BOOT（Build-Own-Operate-Transfer）即建设—拥有—经营—移交。

（3）BOO（Build-Own-Operate）即建设—拥有—经营。

3. BOT 模式演变形式

（1）TOT。即移交—运营—移交，是指项目所在国政府将已投产运行的项目在一定期限内移交（Transfer）给外商经营（Operate），以项目在该期限内的现金流量为标的，一次性地从外商处筹得一笔资金，用于建设新项目。待外商经营期满后，再将原项目移交（Transfer）给项目所在国政府。

与 BOT 模式相比，采用 TOT 模式时，融资对象更为广泛，可操作性更强，使项目引资成功的可能性增加。

（2）TBT。即移交—建设—移交，是指将 TOT 与 BOT 融资模式组合起来，以 BOT 为主的一种融资模式，主要目的是为了促成 BOT 的实施。采用 TBT 模式时，政府通过招标将已运营一段时间的项目和未来若干年的经营权无偿转让给投资人；投资人负责组建项目公司去建设和经营待建项目；项目建成开始运营后，政府从 BOT 项目公司获得与项目经营权等值的收益；按照 TOT 和 BOT 协议，投资人相继将项目经营权归还给政府。

TBT 模式的实质是政府将一个已建项目和一个待建项目打包处理，获得一个逐年增加的协议收入（来自待建项目），最终收回待建项目的所有权益。

（3）BT。即建设—移交，是指政府在项目建成后从民营机构中购回项目（可一次支付也可分期支付）。

典型例题

［例题 1·单选］属于 TOT 融资方式的特点是（　　）。

A. 融资对象更为广泛，可操作性更强　　　　B. 项目产权结构易于稳定

C. 不需要设立具有特许权的专门机构　　　　D. 项目招标程序大为简化

［解析］与 BOT 模式相比，采用 TOT 模式时，融资对象更为广泛，可操作性更强，使项目引资成功的可能性增加。

[答案] A

[例题2·单选] 下列项目融资方式中，通过已建成项目为其他新项目进行融资的是（　　）。

A. TOT
B. BT
C. BOT
D. PFI

[解析] 从项目融资的角度看，TOT 是通过转让已建成项目的产权和经营权来融资的，而 BOT 是政府给予投资者特许经营权的许诺后，由投资者融资新建项目，即 TOT 是通过已建成项目为其他新项目进行融资，BOT 则是为筹建中的项目进行融资。

[答案] A

（二）ABS 模式

ABS 是指资产证券化。

ABS 融资模式是以项目所属的资产为支撑的证券化融资方式，即以项目所拥有的资产为基础，以项目资产可以带来的预期收益为保证，通过在资本市场发行债券来募集资金的一种项目融资方式。

1. ABS 模式操作程序

（1）组建特定用途公司 SPC（Special Purpose Corporation）。

（2）SPC 与项目结合。

通常来说，投资项目所依附的资产只要在未来一定时期内能带来现金流入，即可以进行 ABS 融资。

这种方式的原始权益人为拥有这种未来现金流量所有权的企业（项目公司），ABS 融资方式的物质基础是这些未来现金流量所代表的资产。

（3）利用信用增级手段使项目资产获得预期的信用等级。

（4）SPC 发行债券。

（5）SPC 偿债。

2. ABS 与 BOT/PPP 的区别

ABS 模式和 BOT/PPP 模式都适用于基础设施项目融资。

ABS 与 BOT/PPP 融资模式的区别见表 2-4-1。

表 2-4-1　ABS 与 BOT/PPP 融资模式的区别

不同之处	ABS	BOT/PPP
运作繁简程度与融资成本	操作简单，融资成本低	操作复杂、难度大
项目所有权、运营权	债券发行期内，项目资产的所有权属于 SPC，项目的运营决策权则属于原始收益人	项目的所有权、运营权在特许期内属于项目公司，特许期届满，所有权将移交给政府
投资风险	投资者是国际资本市场上的债券购买者，数量众多，从而极大地分散了投资风险（风险小）	投资人一般都为企业或金融机构，其投资是不能随便放弃和转让的，每一个投资者承担的风险相对较大（风险大）
适用范围	债券发行期间，项目的资产所有权虽然归 SPC 所有，但项目经营决策权依然归原始权益人所有，因此运用 ABS 模式不必担心重要项目被外商控制	是非政府资本介入基础设施领域，其实质是 BOT/PPP 项目在特许期内的民营化，因此某些关系国计民生的要害部门是不能采用 BOT/PPP 模式的

典型例题

[例题1·单选] 关于ABS融资方式特点的说法，正确的是（ ）。

A. 项目经营权与决策权属特殊目的机构（SPC）

B. 债券存续期内资产所有权归特殊目的机构（SPC）

C. 项目资金主要来自项目发起人的自有资金和银行贷款

D. 复杂的项目融资过程增加了融资成本

[解析] ABS模式在债券发行期内，项目资产的所有权属于SPC，项目的运营决策权则属于原始收益人，原始收益人有义务将项目的现金收入支付给SPC，待债券到期，用资产产生的收入还本付息后，资产的所有权又复归原始权益人。

[答案] B

[例题2·单选] ABS融资方式进行项目融资的物质基础是（ ）。

A. 债券发行机构的注册资金

B. 项目原始权益人的全部资产

C. 债券承销机构的担保资产

D. 具有可靠未来现金流量的项目资产

[解析] 一般来说，投资项目所依附的资产只要在未来一定时期内能带来现金收入，就可以进行ABS融资。拥有这种未来现金流量所有权的企业（项目公司）成为原始权益人。这些未来现金流量所代表的资产，是ABS融资方式的物质基础。

[答案] D

二、业主方项目组织模式

（一）项目管理承包（PMC）

项目管理承包（Project Management Contract，PMC）是指由业主通过招标的方式聘请一家有实力的项目管理承包商（公司或公司联营体，以下简称PMC承包商），对项目全过程进行集成化管理。

（二）工程代建制

代建制是一种针对非经营性政府投资项目的建设实施组织方式。

1. 工程代建的性质

在项目建设期间，工程代建单位不存在经营性亏损或盈利，通过与政府投资管理机构签订代建合同，仅收取代理费、咨询费，工程代建单位不存在经营性亏损或盈利。如果在项目建设期间使投资节约，可按合同约定从所节约的投资中提取一部分作为奖励。

工程代建单位不参与工程项目前期的策划决策和建成后的经营管理，也不对投资收益负责。

为了保证政府投资的合理使用，工程项目代建合同生效后，代建单位须提交工程概算投资10%左右的履约保函。

2. 工程代建制与项目法人责任制的区别

工程代建制与项目法人责任制的区别见表2-4-2。

表 2-4-2 工程代建制与项目法人责任制的区别

不同之处	工程代建制	项目法人责任制
项目管理责任范围	只是在工程项目建设实施阶段	覆盖工程项目策划决策及建设实施过程
项目建设资金责任	不负责建设资金的筹措，因此也不负责偿还贷款	需要在项目建设实施阶段负责筹措建设资金，并在项目建成后的运营期间偿还贷款及对投资方的回报
项目保值增值责任	代建单位仅负责项目建设期间资金的使用	项目法人需要在项目全寿命期内负责资产的保值增值
适用的工程对象	适用于政府投资的非经营性项目（主要是公益性项目）	适用于政府投资的经营性项目

典型例题

[例题·多选] 下列关于工程代建制和项目法人责任制的说法，正确的有（　　）。

A. 对于实施工程代建制的项目，工程代建单位不负责建设资金的筹措

B. 对于实施项目法人责任制的项目，项目法人的责任范围只是在工程项目建设实施阶段

C. 对于实施工程代建制的项目不负责项目运营期间的资产保值增值

D. 对于实施项目法人责任制的项目，项目法人需要在项目全寿命期内负责资产的保值增值

E. 工程代建制适用于政府投资的经营性项目

[解析] 根据表 2-4-2，对于实施项目法人责任制的项目，项目法人需要在项目全寿命期内负责资产的保值增值，选项 B 错误。工程代建制适用于政府投资的非经营性项目，选项 E 错误。

[答案] ACD

三、项目承发包模式

（一）DBB 模式

DBB（Design-Bid-Build）是比较传统的工程承发包模式，即工程项目的勘察设计、施工任务分别由勘察设计单位、施工单位完成，建设单位分别与工程勘察设计单位、施工单位签订合同。DBB 承发包模式见图 2-4-1。

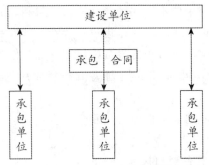

图 2-4-1 DBB 承发包模式

采用 DBB 模式的优缺点见表 2-4-3。

表 2-4-3 采用 DBB 模式的优缺点

优点	缺点
(1) 建设单位、设计单位、施工总承包单位及分包单位在合同约束下，各自行使其职责和履行义务，权责分配明确 (2) 建设单位直接管理工程设计和施工，指令易贯彻，而且由于该模式应用广泛、历史长，相关管理方法较成熟，工程参建各方对有关程序都比较熟悉	(1) 工程设计、招标、施工按顺序依次进行，建设周期长；而且由于施工单位无法参与工程设计，设计的可施工性差，导致设计与施工的协调困难，设计变更频繁，可能使建设单位利益受损 (2) 由于工程的责任主体较多，包括设计单位、施工单位、材料设备供应单位等，一旦工程项目出现问题，建设单位不得不分别面对这些参与方，容易出现互相推诿

(二) DB/EPC 模式

DB（Design&Build）、EPC（Engineering，Procurement，Construction）在我国均称为工程总承包模式。

DB（设计—建造）设计、施工一体化、EPC（设计—采购—施工）设计、采购、施工一体化。这种模式是指从事工程总承包的单位受建设单位委托，按照合同约定，承担工程相应的设计和施工任务。总分包合同结构见图 2-4-2。

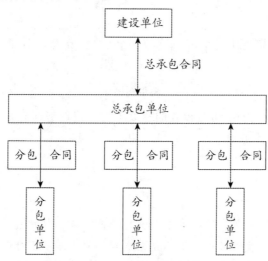

图 2-4-2 总分包合同结构

采用 DB/EPC 模式的优缺点见表 2-4-4。

表 2-4-4 采用 DB/EPC 模式的优缺点

优点	缺点
(1) 有利于缩短建设工期 （工程设计阶段与施工阶段的相互搭接进行） (2) 便于建设单位提前确定工程造价 (3) 使工程项目责任主体单一化 (4) 可减轻建设单位合同管理的负担 （只与总承包单位签订合同）	(1) 道德风险高 由工程总承包单位同时负责工程设计与施工，与传统的 DBB 模式相比，建设单位对工程项目的控制要弱一些，有可能会发生工程总承包单位为节省资金而采取一些不恰当的行为 (2) 建设单位前期工作量大 (3) 工程总承包单位报价高

(三) CM 模式与 Partnering 模式

1. CM 模式

CM（Construction Management）模式是指由建设单位委托一家 CM 单位承担项目管理工作，该单位以承包商身份进行施工管理。CM 模式的出发点是为了缩短建设周期，其基本思想是通过设计与施工的充分搭接，采用"快速路径法（Fast-Track）"，在生产组织方式上实现有条件的"边设计、边施工"。

2. Partnering 模式

Partnering 模式即合伙（Partnering）模式，它是在充分考虑建设各方利益的基础上确定建设工程共同目标的一种管理模式，它不是一种独立存在的模式，它通常需要与工程项目其他组织模式中的某一种结合使用。

（1）出于自愿。

Partnering 协议并不仅仅是建设单位与承包单位双方之间的协议，而需要工程项目参与各方共同签署，包括建设单位、总承包单位、主要的分包单位、设计单位、咨询单位、主要的材料设备供应单位等。参与 Partnering 模式的有关各方必须是完全自愿，而非出于任何原因的强迫。

（2）高层管理的参与。

（3）Partnering 协议不是法律意义上的合同。

Partnering 协议与工程合同是两个完全不同的文件。在工程合同签订后，工程参建各方经过讨论协商后才会签署 Partnering 协议。

（4）信息的开放性。

Partnering 模式强调资源共享，信息作为一种重要资源，对于工程项目参建各方必须公开。

典型例题

[**例题 1·单选**] 下列属于采用 DBB 模式的建设工程的特点是（　　）。

A. 责权分配明确，指令易贯彻

B. 不利于控制工程质量

C. 业主组织管理简单

D. 工程造价控制难度小

[解析] 采用 DBB 模式的优点：建设单位、设计单位、施工总承包单位及分包单位在合同约束下，各自行使其职责和履行义务，责权分配明确；建设单位直接管理工程设计和施工，指令易贯彻。而且由于该模式应用广泛、历史长，相关管理方法较成熟，工程参建各方对有关程序都比较熟悉。

[答案] A

[**例题 2·单选**] 关于施工总承包模式特点的说法，正确的是（　　）。[2020 真题]

A. 有利于建设单位的总投资控制

B. 有利于充分选择分包商

C. 施工总承包单位可以自主决定分包内容

D. 分包内容由建设单位在合同中约定

[解析] 采用施工总承包模式具有以下特点：①有利于控制工程造价；在开工前就有较明确的合同价，有利于建设单位的总投资控制；②有利于缩短建设工期；③有利于控制工程质量；④有利于工程组织管理。

[答案] A

[例题3·单选] 关于 Partnering 模式的说法，正确的是（　　）。

A. Partnering 协议是业主与承包商之间的协议

B. Partnering 模式是一种独立存在的承发包模式

C. Partnering 模式特别强调工程参建各方基层人员的参与

D. Partnering 协议不是法律意义上的合同

[解析] Partnering 模式的主要特征：①出于自愿；②高层管理的参与；③Partnering 协议不是法律意义上的合同；④信息的开放性。

[答案] D

[例题4·多选] 以下对 CM 承包模式特点的描述不正确的有（　　）。

A. 有利于业主选择承包商

B. 有利于缩短建设工期

C. 有利于控制工程造价

D. 适用于实施周期短的项目

E. 特别适用于工期要求紧迫的大型复杂工程项目

[解析] CM 模式是指由建设单位委托一家 CM 单位承担项目管理工作，该 CM 单位以承包商身份进行施工管理，并在一定程度上影响工程设计活动，组织快速路径的生产方式，使工程项目实现有条件的"边设计、边施工"。CM 模式特别适用于实施周期长、工期要求紧迫的大型复杂工程项目。采用 CM 模式，不仅有利于缩短工程项目建设周期，而且有利于控制工程质量和造价。

[答案] AD

[例题5·多选] 下列选项中，（　　）不属于建设工程 DB/EPC 模式的特点。

A. 有利于缩短建设工期

B. 可减轻建设单位合同管理的负担

C. 建设单位前期工作量小

D. 便于建设单位提前确定工程造价

E. 工程总承包单位报价低

[解析] DB/EPC 模式的优点：①有利于缩短建设工期；②便于建设单位提前确定工程造价；③使工程项目责任主体单一化；④可减轻建设单位合同管理的负担。DB/EPC 模式的缺点：①道德风险高；②建设单位前期工作量大；③工程总承包单位报价高。

[答案] CE

◆ 同步强化训练

一、单项选择题（每题的备选项中，只有1个最符合题意）

1. 下列工程中，对于一般工业与民用建筑工程而言，属于分部工程的是（　　）。

　A. 砌体工程

　B. 幕墙工程

　C. 钢筋工程

　D. 电梯工程

2. 根据《建筑工程施工质量验收统一验收标准》，下列工程中，属于分项工程的是（　　）。

    A. 电气工程

    B. 钢筋工程

    C. 屋面工程

    D. 外墙防水工程

3. 根据《国务院关于投资体制改革的决定》，对于采用贷款贴息方式的政府投资项目，政府需要审批（　　）。

    A. 项目建议书

    B. 可行性研究报告

    C. 工程概算

    D. 资金申请报告

4. 建设单位分别与工程勘察设计单位、施工单位签订合同，工程项目勘察设计、施工任务分别由工程勘察设计单位、施工单位完成属于（　　）承包模式。

    A. DB 模式

    B. EPC 模式

    C. CM 模式

    D. DBB 模式

5. 关于项目融资 ABS 方式特点的说法，正确的是（　　）。

    A. 项目经营权与决策权属特定用途公司（SPC）

    B. 在债券发行期内项目的运营决策权仍属于原始收益人

    C. 项目资金主要来自项目发起人的自有资金和银行贷款

    D. 复杂的项目融资过程增加了融资成本

6. 与 BOT 融资方式相比，TOT 融资方式的特点是（　　）。

    A. 融资对象更为广泛，可操作性更强

    B. 项目产权结构易于稳定

    C. 不需要设立具有特许权的专门机构

    D. 项目招标程序大为简化

二、多项选择题（每题的备选项中，有 2 个或 2 个以上符合题意，至少有 1 个错项）

1. PMC 模式下，按照工作范围不同，项目管理承包商的风险不同，下列关于项目管理承包商的风险的说法正确的有（　　）。

    A. 项目管理承包商承担部分工程的设计、采购、施工（EPC）工作时，风险最高

    B. 项目管理承包商只是管理 EPC 承包商而不承担任何 EPC 工作时，风险高，回报低

    C. 项目管理承包商只是管理 EPC 承包商而不承担任何 EPC 工作时，风险低，回报高

    D. 项目管理承包商作为业主顾问，风险低，回报适中

    E. 项目管理承包商作为业主顾问，风险、接近于零，但回报也低

2. 建设单位在办理工程质量监督注册手续时，需要提供的资料有（　　）。

    A. 施工图设计文件审查报告和批准书

    B. 专项施工方案

C. 施工组织设计

D. 施工图设计文件

E. 监理合同

≫ 参考答案及解析 ≪

一、单项选择题

1. [答案] D

[解析] 分部工程是单位工程的组成部分，应按专业性质、建筑部位确定。一般工业与民用建筑工程的分部工程包括：地基与基础工程、主体结构工程、装饰装修工程、屋面工程、给排水及采暖工程、电气工程、智能建筑工程、通风与空调工程、电梯工程。

2. [答案] B

[解析] 分项工程是指将分部工程按主要工种、材料、施工工艺、设备类别等划分的工程。例如，土方开挖、土方回填、钢筋、模板、混凝土、砖砌体、木门窗制作与安装、玻璃幕墙等工程。

3. [答案] D

[解析] 根据《国务院关于投资体制改革的决定》，对于采用直接投资和资本金注入方式的政府投资项目，政府需要从投资决策的角度审批项目建议书和可行性研究报告，除特殊情况外不再审批开工报告，同时还要严格审批其初步设计和概算；对于采用投资补助、转贷和贷款贴息方式的政府投资项目，则只审批资金申请报告。

4. [答案] D

[解析] DBB 是一种较传统的工程承发包模式，即建设单位分别与工程勘察设计单位、施工单位签订合同，工程项目勘察设计、施工任务分别由工程勘察设计单位、施工单位完成。

5. [答案] B

[解析] ABS 模式和 BOT/PPP 模式都适用于基础设施项目融资，但两者的运作及对经济的影响等存在着较大差异。BOT/PPP 项

目的所有权、运营权在特许期内属于项目公司，特许期届满，所有权将移交给政府。因此通过外资 BOT/PPP 模式进行基础设施项目融资可以引进国外先进的技术和管理，但会使外商掌握项目控制权。而 ABS 模式在债券发行期内，项目资产的所有权属于 SPC，项目的运营决策权则属于原始收益人，原始收益人有义务将项目的现金收入支付给 SPC，待债券到期，用资产产生的收入还本付息后，资产的所有权又复归原始权益人。

6. [答案] A

[解析] 与 BOT 模式相比，采用 TOT 模式时，融资对象更为广泛，可操作性更强，使项目引资成功的可能性增加。

二、多项选择题

1. [答案] AE

[解析] 按照工作范围不同，项目管理承包（PMC）可分为三种类型：①项目管理承包商代表业主进行项目管理，同时还承担部分工程的设计、采购、施工（EPC）工作。这对项目管理承包商而言，风险高，相应的利润、回报也较高。②项目管理承包商作为业主项目管理的延伸。这对项目管理承包商而言，风险和回报均较低。③项目管理承包商作为业主顾问，对项目进行监督和检查，并及时向业主报告工程进展情况。这对项目管理承包商而言，风险最低，接近于零，但回报也低。

2. [答案] ACE

[解析] 建设单位在办理施工许可证之前应当到规定的工程质量监督机构办理工程质量监督手续。办理工程质量监督手续时需提供下列资料：①施工图设计文件审查报告和批

准书；②中标通知书和施工、监理合同；③建设单位、施工单位和监理单位工程项目的负责人和机构组成；④施工组织设计和监理规划（监理实施细则）；⑤其他需要的文件资料。

第三章 工程造价构成

本章主要讲述的是工程项目造价构成相关的基础性知识，是作为造价工程师应该掌握的工程造价构成的基本理论，通过这些基本理论的学习，了解工程建设各阶段工程造价的关系和控制。

本章考核内容并不难，但记忆型的内容较多。关于考核的内容、形式相对固定，考生可以通过相关题目的训练理解相关考点的具体内容。

■ 知识脉络

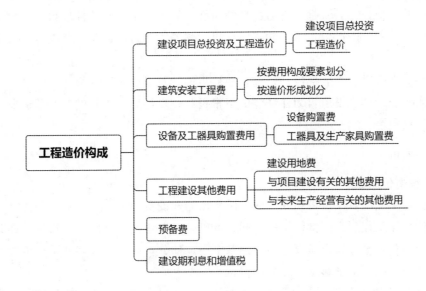

第一节 建设项目总投资及工程造价

一、建设项目总投资

（一）建设项目总投资的概念

建设项目总投资是指为完成工程项目建设，在建设期（预计或实际）投入的全部费用总和。

建设项目按用途可分为生产性建设项目和非生产性建设项目。

生产性建设项目总投资包括工程造价（或固定资产投资）和流动资金（或流动资产投资）。

非生产性建设项目总投资一般仅指工程造价。

（二）建设项目总投资的构成

建设项目总投资的构成见图 3-1-1。

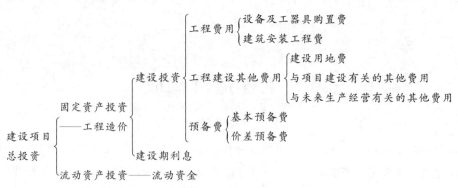

图 3-1-1　建设项目总投资的构成

工程造价（固定资产投资）包括建设投资和建设期利息。

建设投资是指技术方案按拟定建设规模、产品方案，为完成工程项目建设，所需的投入资金，是工程造价中的主要构成部分。包括工程费用、工程建设其他费用和预备费三部分。

流动资金是流动资产的表现形式，即企业可以在一年内或者超过一年的一个生产周期内变现或者耗用的资产合计。通常是为交易的目的而持有的。在生产经营性项目建设中的流动资金是指为保证项目正常生产运营，用于购买原材料、燃料、动力，以及支付相应工人工资等所需要的周转资金。

在可行性研究阶段计为全部流动资金，在初步设计及以后阶段计为铺底流动资金。铺底流动资金是指生产经营性建设项目为保证能够正常投产，投产后能正常的生产营运所需要在投产初期投入的流动资金。

二、工程造价

（一）工程造价的概念

工程造价是工程项目在建设期预计或实际支出的建设费用。

工程造价按照工程项目所指范围的不同，可以是一个建设项目的工程造价，即建设项目所有建设费用的总和，也可以指建设费用中的某个组成部分，即一个或多个单项工程或单位工程的造价，以及一个或多个分部分项工程的造价。

工程造价在工程建设的不同阶段有具体的称谓，如投资决策阶段为投资估算，设计阶段为设计概算、施工图预算，招投标阶段为最高投标限价（或标底）、投标报价、合同价，施工阶段为竣工结算等。

（二）各阶段工程造价的关系

各阶段工程造价的关系见图 3-1-2。

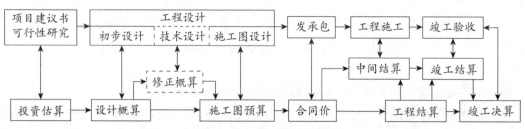

图 3-1-2　各阶段工程造价的关系

（三）各阶段工程造价的控制

有效控制工程造价原则：

1. 全过程造价控制的重点——决策和设计阶段

控制工程造价的关键在于投资决策和设计阶段，在项目做出投资决策后，控制工程造价的关键就在于设计阶段。

2. 控制工程造价最有效的手段——技术与经济相结合

控制工程造价应从组织、技术、经济等多方面采取措施，有效地控制工程造价。

（1）组织措施，包括明确项目组织结构、造价控制人员及其任务、管理职能分工。

（2）技术措施，包括重视设计多方案选择，严格审查监督初步设计、技术设计、施工图设计、施工组织设计，深入研究节约投资的可能性。

（3）经济措施，包括动态比较造价的计划值和实际值，严格审核各项费用支出，采取对节约投资的有力奖励措施等。

（四）各阶段工程造价控制的主要内容

1. 项目决策阶段

通过投资机会研究、可行性研究确定项目功能和使用要求，对项目进行定义和定位，确定投资估算的总额，将投资估算的偏差控制在要求的范围之内。

2. 初步设计阶段

根据初步设计形成设计概算，设计概算一经批准将成为工程造价的最高限额，因此，设计概算是控制工程造价的主要依据。

3. 施工图设计阶段

按照审批的初步设计内容、范围和概算进行技术经济评价与分析，以批准的设计概算为控制目标，提出设计优化建议，应用限额设计、价值工程等方法确定施工图设计方案，进行施工图设计，形成施工图预算，审查施工图预算。

4. 工程施工招标阶段

施工招标择优选定承包商，不仅有利于确保工程质量和缩短工期，更有利于降低工程造价，是工程造价控制的重要环节。

以工程设计文件（包括概算、预算）为依据，结合工程施工的具体情况，如现场条件、市场价格、业主的特殊要求等，按照招标文件的规定，编制工程量清单和最高投标限价，明确合同计价方式，初步确定工程的合同价。

5. 工程施工阶段

以工程施工合同为依据，通过控制工程变更、工程结算、工程索赔以及风险管理等方法，按照承包人实际应予计量的工程量，并考虑物价上涨、工程变更等因素，合理确定进度款和结算款，控制工程费用的支出。

6. 竣工验收阶段

编制竣工结算与决算，总结经验，积累技术经济数据和资料，不断提高工程造价管理水平。

典型例题

［例题1·单选］建设项目的造价是指项目总投资中的（　　）。

A. 固定资产与流动资产投资之和　　　　　　B. 建筑安装工程投资

C. 建筑安装工程费和设备费之和　　　　　　D. 固定资产投资

［解析］建设项目总造价是指项目总投资中固定资产投资额。

［答案］D

[例题 2·单选] 生产性建设项目的总投资由（　　）两部分构成。

A. 固定资产投资和流动资产投资　　　　B. 有形资产投资和无形资产投资

C. 建筑安装工程费用和设备工器具购置费用　　D. 建筑安装工程费用和工程建设其他费用

[解析] 生产性建设项目总投资包括工程造价（或固定资产投资）和流动资金（或流动资产投资）两部分；非生产性建设项目总投资一般仅指工程造价。

[答案] A

[例题 3·单选] 建设投资是工程造价中的主要构成部分，其内容由（　　）组成。

A. 建筑安装工程费、设备及工器具购置费和预备费

B. 建筑安装工程费、设备及工器具购置费和建设期利息

C. 工程费用、工程建设其他费用和建设期利息

D. 工程费用、工程建设其他费用和预备费

[解析] 建设投资包括工程费用、工程建设其他费和预备费。

[答案] D

[例题 4·单选] 为了有效地控制工程造价，应将工程造价管理的重点放在工程项目的（　　）阶段。

A. 初步设计和招标　　　　　　　　　B. 施工图设计和预算

C. 策划决策和设计　　　　　　　　　D. 方案设计和概算

[解析] 工程造价管理的关键在于前期决策和设计阶段，而在项目投资决策后，控制工程造价的关键就在于设计。

[答案] C

[例题 5·单选] 建设工程项目投资决策完成后，控制工程造价的关键在于（　　）。

A. 工程设计　　　　　　　　　　　　B. 工程招标

C. 工程施工　　　　　　　　　　　　D. 工程结算

[解析] 工程造价控制的关键在于施工前的投资决策和设计阶段，而在项目做出投资决策后，控制工程造价的关键就在于设计。

[答案] A

[例题 6·单选] 在施工图设计阶段，以被批准的（　　）为控制目标，应用限额设计、价值工程等方法进行施工图设计。

A. 投资估算　　　　　　　　　　　　B. 设计概算

C. 施工图预算　　　　　　　　　　　D. 最高投标限价

[解析] 以被批准的设计概算为控制目标，应用限额设计、价值工程等方法进行施工图设计。

[答案] B

[例题 7·单选] 为了有效地控制建设工程造价，造价工程师可采取的组织措施是（　　）。

A. 重视工程设计多方案的选择　　　　B. 明确造价控制者及其任务

C. 严格审查施工组织设计　　　　　　D. 严格审核各项费用支出

[解析] 从组织上采取的措施，包括明确项目组织结构、造价控制人员及其任务、管理职能分工；从技术上采取措施，包括重视设计多方案选择，严格审查监督初步设计、技术设计、施工图设计、施工组织设计，深入技术领域研究节约投资的可能；从经济上采取措施，包括动态地比较造价的计划值和实际值，严格审核各项费用支出，采取对节约投资的有力奖励措施等。

[答案] B

第二节　建筑安装工程费

根据住房和城乡建设部、财政部颁布的"关于印发《建筑安装工程费用项目组成》的通知"（建标〔2013〕44号），我国现行建筑安装工程费用项目按两种不同的方式划分，即按费用构成要素划分和按造价形成划分。

一、按费用构成要素划分

建筑安装工程费按费用构成要素划分：由人工费、材料费、施工机具使用费、企业管理费、利润、规费和增值税组成，见表3-2-1。

表3-2-1　建筑安装工程费用项目组成（按费用构成要素划分）

项目组成		内容
人工费	支付给直接施工作业生产工人的工资	奖金、津贴补贴、加班加点工资、特殊情况下支付的工资
材料费	施工过程中耗费的原材料、辅助材料、构配件、零件、半成品或成品、工程设备的费用，以及周转材料等的摊销、租赁费用	材料费＝∑（材料消耗量×材料单价） 材料单价包括材料原价、运杂费、运输损耗费、采购及保管费 当采用一般计税方法时，材料单价需扣除增值税进项税额
施工机具使用费	包括：施工机械使用费和仪器仪表使用费	
企业管理费	企业管理费是指建筑安装企业组织施工生产和经营管理所需的费用	
	管理人员工资	按规定支付给管理人员的计时工资、奖金、津贴补贴、加班加点工资及特殊情况下支付的工资等
	办公费	企业管理办公用的文具、纸张、账表、印刷、邮电、书报、办公软件、现场监控、会议、水电、烧水和集体取暖降温（包括现场临时宿舍取暖降温）等费用
	差旅交通费	职工因公出差、调动工作的差旅费、住勤补助费，市内交通费和误餐补助费，职工探亲路费，劳动力招募费，职工退休、退职一次性路费，工伤人员就医路费，工地转移费以及管理部门使用的交通工具的油料、燃料等费用
	固定资产使用费	管理和试验部门及附属生产单位使用的属于固定资产的房屋、设备、仪器等的折旧、大修、维修或租赁费
	工具用具使用费	企业施工生产和管理使用的不属于固定资产的工具、器具、家具、交通工具和检验、试验、测绘、消防用具等的购置、维修和摊销费
	劳动保险和职工福利费	由企业支付的职工退职金、按规定支付给离休干部的经费，集体福利费、夏季防暑降温、冬季取暖补贴、上下班交通补贴等
	劳动保护费	企业按规定发放的劳动保护用品的支出。如工作服、手套、防暑降温饮料以及在有碍身体健康的环境中施工的保健费用等
	检验试验费	施工企业按照有关标准规定，对建筑以及材料、构件和建筑安装物进行一般鉴定、检查所发生的费用，包括自设试验室进行试验所耗用的材料等费用

项目组成		内容
企业管理费	工会经费	企业按《中华人民共和国工会法》规定的全部职工工资总额比例计提的工会经费
	职工教育经费	按职工工资总额的规定比例计提，企业为职工进行专业技术和职业技能培训，专业技术人员继续教育、职工职业技能鉴定、职业资格认定以及根据需要对职工进行各类文化教育所发生的费用
	财产保险费	施工管理用财产、车辆等的保险费用
	财务费	企业为施工生产筹集资金或提供预付款担保、履约担保、职工工资支付担保等所发生的各种费用
	税金	企业按规定缴纳的房产税、非生产性车船使用税、土地使用税、印花税、城市维护建设税、教育费附加、地方教育附加等各项税费
	其他	技术转让费、技术开发费、投标费、业务招待费、绿化费、广告费、公证费、法律顾问费、审计费、咨询费、保险费等
	这里的办公费、固定资产使用费、工具用具使用费、检验试验费，当采用一般计税方法时，抵扣增值税进项税额	
利润	—	—
规费	社会保险费 住房公积金	（五险一金）
增值税	按照国家税法规定的应计入建筑安装工程造价内的增值税额，按税前造价乘以增值税适用税率确定	

二、按造价形成划分

建筑安装工程费按工程造价形成由分部分项工程费、措施项目费、其他项目费、规费、增值税组成，分部分项工程费、措施项目费、其他项目费包含人工费、材料费、施工机具使用费、企业管理费和利润，见表3-2-2。

表 3-2-2　建筑安装工程费用项目组成（按造价形成划分）

项目组成		内容
分部分项工程费		—
措施项目费	安全文明施工费	包括环境保护费、文明施工费、安全施工费、临时设施费
	夜间施工增加费	因夜间施工所发生的夜班补助费、夜间施工降效、夜间施工照明设备摊销及照明用电等费用
	二次搬运费	因施工场地条件限制而发生的材料、构配件、半成品等一次运输不能到达堆放地点，必须进行二次或多次搬运所发生的费用
	冬雨季施工增加费	在冬季或雨季施工需增加的临时设施、防滑、排除雨雪，人工及施工机械效率降低等费用
	已完工程及设备保护费	竣工验收前，对已完工程及设备采取的必要保护措施所发生的费用

续表

项目组成		内容
措施项目费	工程定位复测费	工程施工过程中进行全部施工测量放线和复测工作的费用
	特殊地区施工增加费	工程在沙漠或其边缘地区、高海拔、高寒、原始森林等特殊地区施工增加的费用
	大型机械设备进出场及安拆费	机械整体或分体自停放场地运至施工现场或由一个施工地点运至另一个施工地点，所发生的机械进出场运输及转移费用及机械在施工现场进行安装、拆卸所需的人工费、材料费、机械费、试运转费和安装所需的辅助设施的费用
	脚手架工程费	施工需要的各种脚手架搭、拆、运输费用以及脚手架购置费的摊销（或租赁）费用
其他项目费	暂列金额	建设单位在工程量清单中暂定并包括在工程合同价款中的一笔款项。用于施工合同签订时尚未确定或者不可预见的所需材料、工程设备、服务的采购，施工中可能发生的工程变更、合同约定调整因素出现时的工程价款调整以及发生的索赔、现场签证确认等的费用
	计日工	在施工过程中，施工企业完成建设单位提出的施工图纸以外的零星项目或工作所需的费用
	总承包服务费	总承包人为配合、协调建设单位进行的专业工程发包，对建设单位自行采购的材料、工程设备等进行保管以及施工现场管理、竣工资料汇总整理等服务所需的费用 总承包服务费由建设单位在最高投标限价中根据总包范围和有关计价规定编制，施工单位投标时自主报价，施工过程中按签约合同价执行

典型例题

[例题1·单选] 根据《建筑安装工程费用项目组成》（建标〔2013〕44号），建筑安装工程生产工人的高温作业临时津贴应计入（　　）。

A. 劳动保护费　　　　　　　　　　　B. 规费

C. 企业管理费　　　　　　　　　　　D. 人工费

[解析] 根据《建筑安装工程费用项目组成》，建筑安装工程生产工人的高温作业临时津贴应计入人工费。

[答案] D

[例题2·单选] 施工中发生的下列与材料有关的费用中，属于材料单价的费用是（　　）。

A. 对原材料进行鉴定发生的费用　　　　B. 施工机械整体场外运输的辅助材料费

C. 原材料在运输装卸过程中不可避免的损耗费　　D. 机械设备日常保养所需的材料费用

[解析] 材料单价是指建筑材料从其来源地运到施工工地仓库直至出库形成的综合平均单价。由材料原价、运杂费、运输损耗费、采购及保管费组成。其中运输损耗费是指材料在运输装卸过程中不可避免的损耗。

[答案] C

[例题3·单选] 根据现行建筑安装工程费用项目组成的规定，下列费用项目中，属于施工机具使用费的是（　　）。

A. 仪器仪表使用费　　　　　　　　　B. 施工机械财产保险费

C. 大型机械进出场费　　　　　　　　D. 大型机械安拆费

[**解析**] 施工机具使用费是指施工作业所发生的施工机械、仪器仪表使用费或租赁费。

[**答案**] A

[**例题 4·单选**] 根据建标〔2013〕44 号文规定，施工过程中施工企业完成建设单位提出的施工图纸以外的零星项目所需要的费用称为（　　）。

A. 暂列金额

B. 其他项目费

C. 加班加点工资

D. 计日工

[**解析**] 计日工是指在施工过程中，施工企业完成建设单位提出的施工图纸以外的零星项目或工作所需的费用。

[**答案**] D

[**例题 5·单选**] 下列费用项目中，属于建筑安装工程企业管理费的是（　　）。[2020真题]

A. 养老保险费　　　　　　　　　　　　　B. 管理人员工资

C. 医疗保险费　　　　　　　　　　　　　D. 住房公积金

[**解析**] 企业管理费包括：①管理人员工资；②办公费；③差旅交通费；④固定资产使用费；⑤工具用具使用费；⑥劳动保险和职工福利费；⑦劳动保护费；⑧检验试验费；⑨工会经费；⑩职工教育经费；⑪财产保险费；⑫财务费；⑬税金；⑭其他。

[**答案**] B

[**例题 6·单选**] 下列冬雨季施工发生的费用中，不属于冬雨季施工增加费的是（　　）。[2020真题]

A. 增加的临时设施费用

B. 排除雨水费

C. 设计要求的混凝土早强剂费

D. 人工效率降低费用

[**解析**] 冬雨期施工增加费是指在冬期或者雨期施工需增加的临时设施、防滑、排除雨雪，人工及施工机械效率降低等费用。

[**答案**] C

[**例题 7·单选**] 施工企业向建设单位提供预付款担保生产的费用，属于（　　）。

A. 财务费　　　　　　　　　　　　　　　B. 财产保险费

C. 风险费　　　　　　　　　　　　　　　D. 办公费

[**解析**] 财务费是指企业为施工生产筹集资金或提供预付款担保、履约担保、职工工资支付担保等所发生的各种费用。

[**答案**] A

[**例题 8·单选**] 根据现行建筑安装工程费用项目组成规定，下列费用项目属于按造价形成划分的是（　　）。

A. 人工费　　　　　　　　　　　　　　　B. 企业管理费

C. 利润　　　　　　　　　　　　　　　　D. 税金

[**解析**] 建筑安装工程费按照工程造价形成由分部分项工程费、措施项目费、其他项目费、规费和税金组成。

[**答案**] D

[例题9·单选] 施工过程中，施工测量放线和复测工作发生的费用应计入（　　）。

A. 分部分项工程费　　　B. 措施项目费　　　C. 其他项目费　　　D. 企业管理费

[解析] 措施项目费中工程定位复测费是指工程施工过程中进行全部施工测量放线和复测工作的费用。

[答案] B

[例题10·单选] 下列属于安全文明施工费的是（　　）。

A. 临时宿舍的搭设、维修、拆除费用

B. 竣工验收前，对已完成工程及设备采取的必要保护措施所发生的费用

C. 施工需要的各种脚手架搭设的拆除费用

D. 夜间施工时所发生的照明设备摊销费用

[解析] 临时宿舍的搭设、维修、拆除费用属于安全文明施工费中的临时设施费；竣工验收前，对已完成工程及设备采取的必要保护措施所发生的费用属于已完工程及设备保护费；施工需要的各种脚手架搭设的拆除费用属于脚手架工程费；夜间施工时所发生的照明设备摊销费用属于夜间施工增加费。

[答案] A

[例题11·单选] 下列属于其他项目费的是（　　）。[2020真题]

A. 二次搬运费　　　　　　　　　B. 工程定位及测量费

C. 脚手架工程费　　　　　　　　D. 总承包服务费

[解析] 其他项目费包括暂列金额、暂估价、计日工和总承包服务费。

[答案] D

[例题12·多选] 根据现行建筑安装工程费用项目组成规定，下列费用项目中，属于建筑安装工程企业管理费的有（　　）。

A. 仪器仪表使用费　　　　　　　B. 工具用具使用费

C. 建筑安装工程一切险　　　　　D. 地方教育附加费

E. 劳动保险费

[解析] 企业管理费包括管理人员工资、办公费、差旅交通费、固定资产使用费、工具用具使用费、劳动保险和职工福利费、劳动保护费、检验试验费、工会经费、职工教育经费、财产保险费、财务费、税金及其他。

[答案] BDE

[例题13·多选] 下列费用中，属于建筑安装工程人工费的有（　　）。

A. 生产工人的技能培训费用　　　B. 生产工人的流动施工津贴

C. 生产工人的增收节支奖金　　　D. 项目管理人员的计时工资

E. 生产工人在法定节假日的加班工资

[解析] 人工费是指按工资总额构成规定，支付给从事建筑安装工程施工的生产工人和附属生产单位工人的各项费用，内容包括：①计时工资或计件工资；②奖金；③津贴补贴；④加班加点工资；⑤特殊情况下支付的工资。

[答案] BCE

[例题14·多选] 按照费用构成要素划分的建筑安装工程费用项目组成规定，下列费用项目应列入材料费的有（　　）。

A. 周转材料的摊销、租赁费用　　　　　B. 材料运输损耗费用

C. 施工企业对材料进行一般鉴定、检查发生的费用

D. 材料运杂费中的增值税进项税额

E. 材料采购及保管费用

［解析］建筑安装工程费中的材料费，是指工程施工过程中耗费的各种原材料、半成品、构配件、工程设备等的费用，以及周转材料等的摊销、租赁费用。材料单价由材料原价、运杂费、运输损耗费、采购及保管费组成。

［答案］ABE

［例题15·多选］建筑安装工程费按费用构成要素划分为（　　　　）。

A. 施工机具使用费

B. 材料费

C. 风险费用

D. 利润

E. 税金

［解析］按照费用构成要素划分，建筑安装工程费包括：人工费、材料费、施工机具使用费、企业管理费、利润、规费和税金。

［答案］ABDE

第三节　设备及工器具购置费用

设备及工器具费由设备购置费和工器具及生产家具购置费组成。

一、设备购置费

设备购置费是指购置或自制的达到固定资产标准的设备所需的费用。由设备原价和设备运杂费构成，见表3-3-1。

表 3-3-1　设备及工器具购置费用的构成和计算

费用名称	内容及计算式
设备购置费	设备原价——国内采购设备的出厂（场）价格，或国外采购设备的抵岸价格
	设备运杂费——运费和装卸费；包装费；设备供销部门的手续费；采购与仓库保管费 设备运杂费＝设备原价×设备运杂费率
	设备购置费＝设备原价＋设备运杂费

（一）国产设备原价

国产设备原价分为：国产标准设备原价和国产非标准设备原价。国产设备原价的构成及计算见表3-3-2。

表 3-3-2　国产设备原价的构成及计算

设备类型	内容及计算式
国产标准设备	按照标准图纸和技术要求，由我国设备生产厂批量生产的设备
	国产标准设备一般按设备原价计算。在计算时，一般采用带有备件的原价

续表

设备类型	内容及计算式
国产非标准设备	国家尚无定型标准，设备生产厂不可能批量生产，只能按订货要求和具体设计图纸制造的设备
	非标准设备原价有多种不同的计算方法，按成本计算估价法计算时，包括材料费、加工费、辅助材料费、专用工具费、废品损失费、外购配套件费、包装费、利润、非标准设备设计费、增值税 （1）材料费： 材料费＝材料净重×（1＋加工损耗系数）×每吨材料综合价 （2）加工费： 加工费＝设备总重量（吨）×设备每吨加工费 （3）辅助材料费（简称辅材费）： 辅助材料费＝设备总重量×辅助材料费指标 （4）增值税： 增值税＝当期销项税额－进项税额 当期销项税额＝不含税销售额×适用增值税率

典型例题

[例题 1·单选] 下列费用项目中，属于工器具及生产家具购置费计算内容的是（ ）。

A. 未达到固定资产标准的设备购置费　　B. 达到固定资产标准的设备购置费

C. 引进设备时备品备件的测绘费　　D. 引进设备的专利使用费

[解析] 工具、器具及生产家具购置费是指新建或扩建项目初步设计规定的，保证初期正常生产必须购置的没有达到固定资产标准的设备、仪器、工卡模具、器具、生产家具和备品备件等的购置费用。

[答案] A

[例题 2·单选] 编制设计预算时，国产标准设备的原价一般选用（ ）。

A. 不含设备的出厂价　　B. 设备制造厂的成本价

C. 带有备件的出厂价　　D. 设备制造厂的出厂价加运杂费

[解析] 国产标准设备一般按设备原价计算。在计算时，一般采用带有备件的原价。

[答案] C

[例题 3·单选] 进口设备的原价是指（ ）。

A. 抵岸价　　B. 离岸价

C. 到岸价　　D. 运费在内价

[解析] 进口设备的原价是指进口设备的抵岸价，即设备抵达买方边境、港口或车站，交纳完各种手续费、税费后形成的价格。

[答案] A

[例题 4·多选] 国产非标准设备按成本构成估算其原价时，下列计算式正确的有（ ）。

A. 材料费＝材料净重×每吨材料综合价

B. 加工费＝设备总重量×设备每单位重量加工费

C. 辅助材料费＝设备总重量×辅助材料费指标

D. 增值税＝进项税额－当期销项税额

E. 当期销项税额＝销售额×适用增值税率

［解析］材料费＝材料净重×（1＋加工损耗系数）×每吨材料综合价，选项 A 错误。增值税＝当期销项税额－进项税额，选项 D 错误。

［答案］BCE

（二）进口设备原价

进口设备的原价是指进口设备的<u>抵岸价</u>，即设备抵达买方边境、港口或车站，交纳完各种手续费、税费后形成的价格。

抵岸价通常由进口设备<u>到岸价（CIF）</u>和进口从属费构成。

进口设备的<u>到岸价</u>，即抵达买方边境港口或边境车站的价格。进口设备原价的构成及计算内容见表 3-3-3。

表 3-3-3　进口设备原价的构成及计算

费用名称		构成	计算公式
抵岸价	到岸价		进口设备到岸价（CIF）＝离岸价（FOB）＋国际运费＋运输保险费 ＝运费在内价（CFR）＋运输保费费
		货价	一般指装运港船上交货价（FOB）
		国际运费 （海、陆、空）	国际运费＝原币货价（FOB）×运费率＝运量×单位运价
		运输保险费	运输保险费＝$\dfrac{\text{原币货价（FOB）＋国际运费}}{1-\text{保险费率}}$×保险费率
	进口从属费		进口从属费＝银行财务费用＋外贸手续费＋关税＋消费税＋进口环节增值税＋车辆购置税
		银行财务费	银行财务费＝离岸价格（FOB）×人民币外汇汇率×银行财务费率
		外贸手续费	外贸手续费＝到岸价（CIF）×人民币外汇汇率×外贸手续费率
		关税	关税＝到岸价（CIF）×人民币外汇汇率×进口关税税率
		消费税	消费税＝$\dfrac{\text{到岸价格（CIF）×人民币外汇汇率＋关税}}{1-\text{消费税税率}}$×消费税税率
		进口环节 增值税	进口环节增值税＝组成计税价格×增值税税率 组成计税价格＝关税完税价格＋关税＋消费税
		车辆购置税	车辆购置税＝组成计税价格×车辆购置税率

典型例题

［例题 1·单选］某进口设备货价为 67000 元，采用海洋运输，国际运费为 3350 元，运输保险费率 5‰，则该设备运输保险费为（　　）元。

A. 351.75　　　　　　　　　　　　　　B. 353.52

C. 3517.50　　　　　　　　　　　　　　D. 3702.63

［解析］该设备运输保险费＝$\dfrac{67000+3350}{1-5‰}$×5‰＝353.52（元）。

［答案］B

［例题 2·单选］进口设备的原价是指进口设备的（　　）。

A. 到岸价　　　　B. 抵岸价　　　　C. 离岸价　　　　D. 运费在内价

[解析] 进口设备的原价是指进口设备的抵岸价，即设备抵达买方边境、港口或车站，交纳完各种手续费、税费后形成的价格。抵岸价通常是由进口设备到岸价（CIF）和进口从属费构成。进口设备的到岸价，即抵达买方边境港口或边境车站的价格。

[答案] B

[例题3·单选] 进口汽车，其离岸价为6万美元，国际运费为0.8万美元，运输保险费为0.2万美元。关税税率为22%，消费税税率为9%，附加费费率为10%，1美元＝7人民币，车辆购置税为（　　）万元人民币。

A. 5.91　　　　　　　　　　　　B. 6.57

C. 8.45　　　　　　　　　　　　D. 10.78

[解析] 车辆购置税＝（关税完税价格＋关税＋消费税）×车辆购置附加税税率；关税完税价格＝到岸价；到岸价＝离岸价＋国际运费＋运输保险费＝6＋0.8＋0.2＝7（万美元）；关税＝到岸价×关税税率＝7×22%＝1.54（万美元）；消费税＝$\dfrac{到岸价＋关税}{1－消费税税率}$×消费税税率＝$\dfrac{7＋1.54}{1－9\%}$×9%＝0.84（万美元）；车辆购置税＝（关税完税价格＋关税＋消费税）×车辆购置附加税税率＝（7＋1.54＋0.84）×10%＝0.938（万美元）＝6.57（万元人民币）。

[答案] B

（三）设备运杂费

设备运杂费的相关内容见表3-3-4。

表3-3-4　设备运杂费的相关内容

项目		内容
概念		设备运杂费是国内采购设备自来源地、国外采购设备自到岸港运至工地仓库或指定堆放地点发生的采购、运输、运输保险、保管、装卸等费用
构成	运费和装卸费	（1）国产设备由设备制造厂交货地点起至工地仓库所发生的运费和装卸费 （2）进口设备则由我国到岸港口或边境车站起至工地仓库止所发生的运费和装卸费
	包装费	在设备原价中没有包含，为运输而进行的包装支出的各种费用
	设备供销部门手续费	按有关部门规定的统一费率计算
	采购与仓库保管费	（1）采购、验收、保管和收发设备所发生的各种费用 （2）包括设备采购人员、保管人员和管理人员的工资、工资附加费、办公费、差旅交通费，设备供应部门办公和仓库所占固定资产使用费、工具用具使用费、劳动保护费、检验试验费等这些费用可按主管部门规定的采购与保管费费率计算

================ 典型例题 ================

[例题·单选] 关于设备运杂费估算的说法，正确的是（　　）。

A. 国产设备运杂费包括由设备制造厂交货地点运至工地仓库所发生的运费

B. 国产设备运至工地后发生的装卸费不应包括在运杂费中

C. 设备运杂费不包括设备供应部门办公和仓库所占固定资产使用费

D. 工程承包公司采购设备的相关费用不应计入运杂费

[解析] 国产设备运至工地后发生的装卸费应包括在运杂费中，选项B错误；设备运杂费包

括设备供应部门办公和仓库所占固定资产使用费，选项C错误；工程承包公司采购设备的相关费用应计入运杂费，选项D错误。

[答案] A

二、工器具及生产家具购置费

工器具及生产家具购置费是指未达到固定资产标准的设备、仪器、工卡模具、器具、生产家具和备品备件等的购置费用。

$$工器具及生产家具购置费＝设备购置费×定额费率$$

第四节　工程建设其他费用

工程建设其他费用是指建设期发生的与土地使用权取得、全部工程项目建设以及未来生产经营有关的，除工程费用、预备费、增值税、建设期融资费用、流动资金以外的费用。

工程建设其他费用的具体内容见表3-4-1。

表 3-4-1　工程建设其他费用

费用名称		内容
建设用地取得的费用		建设用地费指为获得工程项目建设土地的使用权而在建设期内发生的各项费用，包括通过划拨方式取得土地使用权而支付的土地征用及迁移补偿费，或者通过土地使用权出让方式取得土地使用权而支付的土地使用权出让金
与项目建设有关的其他费用		与项目建设有关的其他费用包括：建设管理费、可行性研究费、研究试验费、勘察费、设计费、专项评价费、场地准备及临时设施费、工程保险费、特殊设备安全监督检验费、市政公用设施费
	建设管理费	(1) 包括建设单位管理费和工程监理费 (2) 如建设单位采用工程总承包方式，其总包管理费由建设单位与总包单位根据总包工作范围在合同中商定，从建设管理费中支出
	研究试验费	研究试验费是指为建设项目提供或验证设计数据、资料等进行必要的研究试验及按照相关规定在建设过程中必须进行试验、验证所需的费用。包括自行或委托其他部门研究试验所需人工费、材料费、试验设备及仪器使用费等。 这项费用按照设计单位根据本工程项目的需要提出的研究试验内容和要求计算。在计算时要注意不应包括以下项目： (1) 应由科技三项费用（即新产品试制费、中间试验费和重要科学研究补助费）开支的项目 (2) 应在建筑安装费用中列支的施工企业对建筑材料、构件和建筑物进行一般鉴定、检查所发生的费用及技术革新的研究试验费 (3) 应由勘察设计费或工程费用中开支的项目
	场地准备及临时设施费	(1) 建设场地的大型土石方工程应进入工程费用中的总图运输费用中 (2) 新建项目的场地准备和临时设施费应根据实际工程量估算；改扩建项目一般只计拆除清理费 (3) 凡可回收材料的拆除工程采用以料抵工方式冲抵拆除清理费

续表

费用名称		内容
与未来生产经营有关的其他费用	联合试运转费	联合试运转费是指新建或新增加生产能力的工程项目，在交付生产前按照设计文件规定的工程质量标准和技术要求，对整个生产线或装置进行负荷联合试运转所发生的费用净支出（试运转支出大于收入的差额部分费用） 试运转支出包括：试运转所需原材料、燃料及动力消耗、低值易耗品、其他物料消耗、工具用具使用费、机械使用费、保险金、施工单位参加试运转人员工资，以及专家指导费等 试运转收入包括：试运转期间的产品销售收入和其他收入 联合试运转费不包括：应由设备安装工程费用开支的调试及试车费用，以及在试运转中暴露出来的因施工原因或设备缺陷等发生的处理费用
	专利及专有技术使用费	主要内容： (1) 国外设计及技术资料费、引进有效专利、专有技术使用费和技术保密费 (2) 国内有效专利、专有技术使用费用 (3) 商标权、商誉和特许经营权费等
	生产准备费	人员培训费及提前进厂费、为保证初期正常生产（或营业、使用）所必需的办公、生活家具用具等购置费

典型例题

[例题1·单选] 建设单位通过市场机制取得建设用地，不仅应承担征地补偿费用、拆迁补偿费用，还须向土地所有者支付（　　）。

A. 安置补助费　　　　　　　　　　B. 土地出让金

C. 青苗补偿费　　　　　　　　　　D. 土地管理费

[解析] 建设用地若通过市场机制取得，则不但承担征地补偿费用、拆迁补偿费用，还须向土地所有者支付有偿使用费，即土地出让金。

[答案] B

[例题2·单选] 根据我国现行相关规定，委托监理机构对工程实施监理工作所需的费用应列入（　　）。

A. 建筑安装工程费　　　　　　　　B. 建设单位管理费

C. 建设管理费　　　　　　　　　　D. 与未来生产经营有关的其他费用

[解析] 工程监理费是指建设单位委托工程监理单位实施工程监理的费用，应列入建设管理费。

[答案] C

[例题3·单选] 采用工程总承包方式发包的工程，其工程总承包管理费应从（　　）中支出。

A. 建设管理费　　　　　　　　　　B. 建设单位管理费

C. 建筑安装工程费　　　　　　　　D. 基本预备费

[解析] 建设单位采用工程总承包方式，其总包管理费由建设单位与总包单位根据总包工作范围在合同中商定，从建设管理费中支出。

[答案] A

[例题4·单选] 与项目建设有关的其他费用中，（　　）是指为建设项目提供或验证设计数据、资料等进行必要的试验及按相关规定在建设过程中必须进行试验、验证所需的费用。

[2020真题]

A. 建设单位管理费

B. 可行性研究费

C. 研究试验费

D. 检验试验费

[解析] 研究试验费是指为建设项目提供或验证设计数据、资料等进行必要的研究试验及按照相关规定在建设过程中必须进行试验、验证所需的费用。

[答案] C

[例题5·单选] 下列工程建设其他费中，属于与未来生产经营有关的其他费用的是（　　）。

[2020真题]

A. 场地准备与临时设施费

B. 引进图纸资料翻译及制作费

C. 专利及专有技术使用费

D. 节能评估及评审费

[解析] 与未来生产经营有关的其他费用包括联合试运转费、专利及专有技术使用费、生产准备费。

[答案] C

[例题6·单选] 关于联合试运转费，下列说法中正确的是（　　）。

A. 包括对整个生产线或装置运行无负荷和有负荷试运转所发生的费用

B. 包括施工单位参加试运转人员的工资及专家指导费

C. 包括试运转中暴露的因设备缺陷发生的处理费用

D. 包括对单台设备进行单机试运转工作的调试费

[解析] 联合试运转费是试运转支出大于收入的差额部分费用，其中试运转支出包括试运转所需原材料、燃料及动力消耗、低值易耗品、其他物料消耗、工具用具使用费、机械使用费、保险金、施工单位参加试运转人员工资、以及专家指导费等。

[答案] B

[例题7·单选] 下列费用项目中，属于联合试运转费中试运转支出的是（　　）。

A. 施工单位参加试运转人员的工资

B. 单台设备的单机试运转费

C. 试运转中暴露出来的施工缺陷处理费用

D. 试运转中暴露出来的设备缺陷处理费用

[解析] 试运转支出包括试运转所需原材料、燃料及动力消耗、低值易耗品、其他物资消耗、工具用具使用费、机械使用费、保险金、施工单位参加试运转人员工资以及专家指导费等；试运转收入包括试运转期间的产品销售收入和其他收入。联合试运转费不包括应由设备安装工程费用开支的调试及试车费，以及在试运转中暴露出来的因施工原因或设备缺陷等发生的处理费用。

[答案] A

[例题8·单选] 下列费用项目中，计入工程建设其他费用中专利及专有技术使用费的是（ ）。

A. 专利及专有技术在项目全寿命期的使用费

B. 在生产期支付的商标权费

C. 国内设计资料费

D. 国外设计资料费

[解析] 专利及专有技术使用费的主要内容包括：①国外设计及技术资料费、引进有效专利、专有技术使用费和技术保密费；②国内有效专利、专有技术使用费用；③商标权、商誉和特许经营权费等。

[答案] D

[例题9·多选] 下列费用中，属于"与项目建设有关的其他建设费用"的有（ ）。

A. 建设单位管理费 B. 工程监理费

C. 建设单位临时设施费 D. 施工单位临时设施费

E. 市政公用设施费

[解析] 与项目建设有关的其他建设费用包括：①建设管理费；②可行性研究费；③研究试验费；④勘察设计费；⑤专项评价及验收费；⑥场地准备及临时设施费；⑦引进技术和引进设备其他费；⑧工程保险费；⑨特殊设备安全监督检验费；⑩市政公用设施费。其中，建设管理费包括：①建设单位管理费；②工程监理费；③工程总承包管理费。场地准备及临时设施费不包括已列入建筑安装工程费用中的施工单位临时设施费用。

[答案] ABCE

[例题10·多选] 下列建设用地取得费用中，属于征地补偿费的有（ ）。

A. 土地补偿费 B. 安置补助费

C. 搬迁补助费 D. 土地管理费

E. 土地转让金

[解析] 征地补偿费包含以下内容：①土地补偿费；②青苗补偿费和地上附着物补偿费；③安置补助费；④新菜地开发建设基金；⑤耕地占用税；⑥土地管理费。选项C属于拆迁补偿费用，选项E属于出让金、土地转让费。

[答案] ABD

[例题11·多选] 下列与项目建设有关的其他费用中，属于建设管理费的有（ ）。

A. 建设单位管理费

B. 引进技术和引进设备其他费

C. 工程监理费

D. 场地准备费

E. 工程总承包管理费

[解析] 与项目建设有关的其他费用中，建设管理费的内容包括建设单位管理费、工程监理费、工程总承包管理费。

[答案] ACE

第五节 预备费

预备费是指在建设期内因各种不可预见因素的变化，在初步设计和概算中难以预料而预留的可能增加的费用，包括基本预备费和价差预备费。

预备费的构成及内容见表 3-5-1。

表 3-5-1　预备费的构成及内容

费用构成		内容
预备费	基本预备费	基本预备费：在投资估算或设计概算阶段预留的，由于工程实施中不可预见的工程变更及洽商、一般自然灾害处理、地下障碍物处理、超规超限设备运输等可能增加的费用。包括： (1) 在批准的基础设计和概算范围内增加的设计变更、局部地基处理等费用 (2) 一般自然灾害造成的损失和预防自然灾害所采取措施的费用 (3) 竣工验收时为鉴定工程质量，对隐蔽工程进行必要的挖掘和修复的费用 (4) 超规超限设备运输过程中可能增加的费用 公式：（工程费用＋工程建设其他费用）×基本预备费率
	价差预备费	价差预备费：在建设期间内利率、汇率或价格等因素的变化而预留的可能增加的费用。包括： (1) 人工、设备、材料、施工机械的价差费 (2) 建筑安装工程费及工程建设其他费用调整，利率、汇率调整等增加的费用 公式：$PF = \sum_{t=1}^{n} I_t \left[(1+f)^m (1+f)^{0.5} (1+f)^{t-1} - 1 \right]$

第六节　建设期利息和增值税

建设期利息的相关规定见表 3-6-1。

表 3-6-1　建设期利息的相关规定

项目		内容
建设期利息	概念	(1) 主要是指在建设期内发生的为工程项目筹措资金的融资费用及债务资金利息 (2) 债务资金包括向国内银行和其他非银行金融机构贷款、出口信贷、外国政府贷款、国际商业银行贷款以及在境内外发行的债券等 (3) 包括借款（或债券）利息及手续费、承诺费、管理费等 (4) 国外贷款利息的计算中还应包括国外贷款银行根据贷款协议向贷款方以年利率的方式收取的手续费、管理费、承诺费，以及国内代理机构经国家主管部门批准的以年利率的方式向贷款单位收取的转贷费、担保费、管理费等
	公式	$$q_j = \left(P_{j-1} + \frac{1}{2} A_j \right) \cdot i$$ （根据建设期资金用款计划，可按当年借款在当年年中支用考虑，即当年借款按半年计息，上年借款按全年计息）

增值税的相关内容见表 3-6-2。

表 3-6-2　增值税的相关内容

名称	税率	计税方法	计税基数
一般计税方法	9%	增值税销项税额＝税前造价×9%	(1) 税前造价为人工费、材料费、施工机具使用费、企业管理费、利润和规费之和 (2) 各费用项目均不包含增值税可抵扣进项税额的价格计算
简易计税方法	3%	增值税销项税额＝税前造价×3%	(1) 税前造价为人工费、材料费、施工机具使用费、企业管理费、利润和规费之和 (2) 各费用项目均以包含增值税进项税额的含税价格计算

典型例题

[例题1·单选] 在建设工程项目总投资组成中的基本预备费主要是为（　　）。

A. 建设期内材料价格上涨增加的费用

B. 因施工质量不合格返工增加的费用

C. 设计变更增加工程量的费用

D. 因业主方拖欠工程款增加的承包商贷款利息

[解析] 基本预备费又称不可预见费，主要指设计变更及施工过程中可能增加工程量的费用。

[答案] C

[例题2·单选] 关于建设期利息的说法，正确的是（　　）。

A. 建设期利息包括国际商业银行贷款在建设期间应计的借款利息

B. 建设期利息包括在境内发行的债券在建设期后支付的借款利息

C. 建设期利息不包括国外贷款银行以年利率方式收取的各种管理费

D. 建设期利息不包括国内代理机构以年利率方式收取的转贷费和担保费

[解析] 建设期利息主要是指在建设期内发生的为工程项目筹措资金的融资费用及债务资金利息。利用国外贷款的利息计算中，年利率应综合考虑贷款协议中向贷款方加收的手续费、管理费、承诺费，以及国内代理机构向贷款方收取的转贷费、担保费和管理费等。

[答案] A

[例题3·单选] 建筑业增值税的税率为（　　）。

A. 9%

B. 10%

C. 11%

D. 16%

[解析] 根据财税制度的相关规定，建筑业增值税税率为9%。

[答案] A

[例题4·单选] 关于建筑安装工程费用中建筑业增值税的计算，下列说法中正确的是（　　）。

A. 当事人可以自主选择一般计税法或简易计税法计税

B. 一般计税法、简易计税法中的建筑业增值税税率均为11%

C. 采用简易计税法时，税前造价不包含增值税的进项税额

D. 采用一般计税法时，税前造价不包含增值税的进项税额

[解析] 选项A错误，简易计税有其适用的范围。选项B错误，一般计税法，建筑业增值税税率为9%；简易计税方法，建筑业增值税税率为3%。选项C错误，采用简易计税法时，税前造价包含增值税的进项税额。

[答案] D

[例题5·多选] 工程造价中基本预备费的计取基数包括（　　）。

A. 工程费用

B. 建设期贷款利息

C. 工程建设其他费用

E. 工程结算费用

D. 担保费用

[解析] 工程造价中基本预备费的计取基数包括工程费用和工程建设其他费。

[答案] AC

◆ 同步强化训练

一、单项选择题（每题的备选项中，只有1个最符合题意）

1. 在建设项目个阶段的工程造价中，一经批准将作为控制建设项目投资最高限额的是（　　）。
   A. 投资估算
   B. 设计概算
   C. 施工图预算
   D. 竣工结算

2. 根据现行建设项目工程造价构成的相关规定，工程造价是指（　　）。
   A. 为完成工程项目建造，生产性设备及配合工程安装设备的费用
   B. 建设期内直接用于工程建造、设备购置及其安装的建设投资
   C. 为完成工程项目建设，在建设期内投入且形成现金流出的全部费用
   D. 在建设期内预计或实际支出的建设费用

3. 根据现行建设项目投资构成相关规定，固定资产投资包括（　　）。
   A. 工程费用、工程建设其他费用
   B. 建设投资、建设期利息
   C. 建设安装工程费、设备及工器具购置费
   D. 建设项目总投资

4. 关于我国现行建设项目投资构成的说法中，错误的是（　　）。
   A. 固定资产投资为建设投资和建设期利息之和
   B. 工程费用为直接费、间接费、利润和税金之和
   C. 在可行性研究阶段计为全部流动资金，在初步设计及以后阶段计为铺底流动资金
   D. 建设投资包括工程费用、工程建设其他费用和预备费三部分

5. 关于建筑安装工程费中材料费的说法，正确的是（　　）。
   A. 材料费包括原材料、辅助材料、构配件、零件、半成品或成品、工程设备的费用，以及周转材料等的摊销、租赁费用
   B. 材料消耗量是指各种材料的净用量
   C. 材料检验试验费包括对构件做破坏性试验的费用
   D. 材料费等于材料消耗与材料基价的乘积

6. 根据现行建筑安装工程费用项目组成规定，下列关于施工企业管理费中工具用具使用费的说法正确的是（　　）。
   A. 指企业管理使用，而非施工生产使用的工具用具费用
   B. 指企业施工生产使用，而非企业管理使用的工具用具费用
   C. 采用一般计税方法时，工具用具使用费中增值税进项税额可以抵扣
   D. 包括各类资产标准的工具用具的购置、维修和摊销费

7. 夏季防暑降温费属于（　　）。
   A. 人工费
   B. 措施费
   C. 规费
   D. 企业管理费

8. 下列各项内容中属于企业管理费的是（　　）。
   A. 企业按规定标准为职工缴纳的基本医疗保险费
   B. 企业按规定标准为职工缴纳的住房公积金
   C. 企业按规定缴纳的房产税

D. 企业按规定缴纳的施工现场工程排污费

9. 当一般纳税人采用一般计税方法时，材料单价中需要考虑扣除增值税进项税额的是（　　）。

 A. 材料原价和运输损耗费

 B. 运输损耗费和采购及保管费

 C. 材料原价和运杂费

 D. 运杂费和采购及保管费

10. 关于进口设备外贸手续费的计算，下列公式中正确的是（　　）。

 A. 外贸手续费＝FOB×人民币外汇汇率×外贸手续费率

 B. 外贸手续费＝CIF×人民币外汇汇率×外贸手续费率

 C. 外贸手续费＝$\dfrac{\text{FOB×人民币外汇汇率}}{1-\text{外贸手续费率}}$×外贸手续费率

 D. 外贸手续费＝$\dfrac{\text{CIF×人民币外汇汇率}}{1-\text{外贸手续费率}}$×外贸手续费率

11. 关于进口设备到岸价的构成及计算，下列公式中正确的是（　　）。

 A. 到岸价＝离岸价＋运输保险费

 B. 到岸价＝离岸价＋进口从属费

 C. 到岸价＝运费在内价＋运输保险费

 D. 到岸价＝运费在内价＋进口从属费

12. 国际贸易双方的约定费用划分与风险转移均以货物在装运港被装上指定船只时为分界点。该种交易价格被称为（　　）。

 A. 离岸价   B. 运费在内价

 C. 到岸价   D. 抵岸价

13. 国产非标准设备原价的确定可采用（　　）等方法。

 A. 概算指标法和定额估价法

 B. 成本计算估价法和概算指标法

 C. 分部组合估价法和百分比法

 D. 成本计算估价法和分部组合估价法

14. 进口设备采用装运港船上交货价（FOB）时，买方需承担的责任不包括（　　）。

 A. 租船舱，支付运费

 B. 装船后的一切风险和运费

 C. 办理出口手续，并将货物装上船

 D. 办理海外运输保险并支付保险费

15. 为保证工程项目顺利实施，避免在因工程超规超限设备运输的情况下造成投资不足而预先安排的费用是（　　）。

 A. 流动资金

 B. 建设期利息

 C. 预备费

 D. 其他资产费用

16. 基本预备费的计算基数为（　　）。

 A. 工程费用

B. 设备工器具购置费

C. 工程费用＋工程建设其他费用

D. 建筑安装工程费

17. 在下列各项中属于基本预备费的是（　　　）。

A. 超出初步设计范围的设计变更所增加的费用

B. 实行工程保险的费用

C. 超规超限设备运输而增加的费用

D. 不可预见的地上障碍物处理的费用

18. 根据我国现行建设项目投资构成，下列费用项目中属于建设期利息包含内容的是（　　　）。

A. 建设单位建设期后发生的利息

B. 施工单位建设期长期贷款利息

C. 国内代理机构收取的贷款管理费

D. 国外贷款机构收取的转贷费

二、多项选择题（每题的备选项中，有 2 个或 2 个以上符合题意，至少有 1 个错项）

1. 为有效控制工程造价，应将工程造价管理的重点放在（　　　）阶段。

A. 施工招标　　　　　　　　　　B. 施工

C. 策划决策　　　　　　　　　　D. 设计

E. 竣工验收

2. 根据现行建筑安装工程费用项目组成规定，下列费用项目中已包括在人工日工资单价内的有（　　　）。

A. 节约奖　　　　　　　　　　　B. 流动施工津贴

C. 高温作业临时津贴　　　　　　D. 劳动保护费

E. 探亲假期间工资

3. 下列费用项目中，应计入人工日工资单价的有（　　　）。

A. 计件工资　　　　　　　　　　B. 劳动竞赛奖金

C. 劳动保护费　　　　　　　　　D. 流动施工津贴

E. 职工福利费

4. 按我国现行建筑安装工程费用项目组成的规定，下列属于企业管理费内容的有（　　　）。

A. 企业管理人员办公用的文具、纸张等费用

B. 企业施工生产和管理使用的属于固定资产的交通工具的购置、维修费

C. 对建筑以及材料、构件和建筑安装进行特殊鉴定检查所发生的检验试验费

D. 按全部职工工资总额比例计提的工会经费

E. 为施工生产筹集资金、履约担保所发生的财务费

5. 根据我国现行建筑安装工程费用项目组成规定，下列施工企业发生的费用中，计入企业管理费的有（　　　）。

A. 建筑材料、构件一般性鉴定检查费

B. 支付给企业离休干部的经费

C. 施工现场工程排污费

D. 履约担保所发生的费用

E. 施工生产用仪器仪表使用费

6. 按照造价形成划分,属于措施费的有 (   )。

    A. 工程排污费   B. 检验试验费

    C. 大型机械设备进出场及安拆费   D. 施工排水降水费

    E. 安全施工费

7. 建筑安装工程费按造价形成划分,下列 (   ) 属于其他项目费。

    A. 安全文明施工费   B. 暂列金额

    C. 暂估价   D. 计日工

    E. 总承包服务费

8. 计算设备进口环节增值税时,作为计算基数的计税价格包括 (   )。

    A. 外贸手续费   B. 到岸价

    C. 设备运杂费   D. 关税

    E. 消费税

9. 构成进口设备原价的费用项目中,应以到岸价为计算基数的有 (   )。

    A. 国际运费   B. 进口环节增值税

    C. 银行财务费   D. 外贸手续费

    E. 进口关税

10. 关于设备运杂费的构成及计算的说法中,正确的有 (   )。

    A. 运费和装卸费是由设备制造厂交货地点至施工安装作业面所发生的费用

    B. 进口设备运杂费是由我国到岸港口或边境车站至工地仓库所发生的费用

    C. 原价中没有包含的、为运输而进行包装所支出的各种费用应计入包装费

    D. 采购与仓库保管费不含采购人员和管理人员的工资

    E. 设备运杂费为设备原价与设备运杂费率的乘积

11. 下列有关进口设备原价的构成与计算中,说法正确的有 (   )。

    A. 运输保险费＝CIF×保险费率

    B. 消费税＝（CIF＋关税＋消费税）×消费税税率

    C. 银行财务费＝CIF×银行财务费率

    D. 关税＝关税的完税价格×关税税率

    E. 增值税＝［（CIF＋关税）／（1－消费税税率）］×增值税税率

12. 国际贸易中,较为广泛使用的交易价格术语有 (   )。

    A. IRR   B. FOB

    C. CFR   D. NPV

    E. CIF

13. 下列施工企业支出的费用项目中,属于建筑安装企业管理费的有 (   )。

    A. 技术开发费

    B. 印花税

    C. 已完工程及设备保护费

    D. 材料采购及保管费

    E. 财产保险费

参考答案及解析

一、单项选择题

1. [答案] B

[解析] 设计概算一经批准，将作为控制建设项目投资的最高限额。

2. [答案] D

[解析] 本题考查的是我国建设项目投资及工程造价的构成。工程造价是指在建设期预计或实际支出的建设费用。

3. [答案] B

[解析] 在建设项目总投资中，固定资产投资包括：建设投资和建设期利息两部分。

4. [答案] B

[解析] 工程费用是指建设期内直接用于工程建造、设备购置及其安装的建设投资，可以分为建筑工程费、安装工程费和设备及工器具购置费。

5. [答案] A

[解析] 选项A正确，材料费包括原材料、辅助材料、构配件、零件、半成品或成品、工程设备的费用，以及周转材料等的摊销、租赁费用。选项B错误，材料消耗量包括材料净用量和不可避免的损耗量。选项C错误，检验试验费是指对建筑以及材料、构件和建筑安装物进行一般鉴定、检查所发生的费用，包括自设试验室进行试验所耗用的材料等费用。不包括新结构、新材料的试验费，对构件做破坏性试验及其他特殊要求检验试验的费用和建设单位委托检测机构进行检测的费用。选项D错误，材料费＝∑（材料消耗量×材料单价）

6. [答案] C

[解析] 当采用一般计税方法时，工具用具使用费中增值税进项税额可抵扣。

7. [答案] D

[解析] 夏季防暑降温费属于企业管理费中的劳动保险和职工福利费。

8. [答案] C

[解析] 企业管理费里面的税金，指企业按规定缴纳的房产税、非生产性车船使用税、土地使用税、印花税、城市维护建设税、教育费附加、地方教育附加等各项税费。

9. [答案] C

[解析] 材料单价是指建筑材料从其来源地运到施工工地仓库直至出库形成的综合平均单价。由材料原价、运杂费、运输损耗费、采购及保管费组成。当一般纳税人采用一般计税方法时，材料单价中的材料原价、运杂费等均应扣除增值税进项税额。

10. [答案] B

[解析] 外贸手续费＝到岸价格（CIF）×人民币外汇汇率×外贸手续费率。

11. [答案] C

[解析] 到岸价＝离岸价＋国际运费＋运输保险费＝运费在内价＋运输保险费。

12. [答案] A

[解析] 装运港船上交货时的价格亦称为离岸价格。

13. [答案] D

[解析] 国产非标准设备原价有多种不同的计算方法，如成本计算估价法、系列设备插入估价法、分部组合估价法、定额估价法。

14. [答案] C

[解析] 办理出口手续，并将货物装上船属于卖方的基本义务。

15. [答案] C

[解析] 预备费是在建设期内为各种不可预见因素的变化而预留的可能增加的费用，包括基本预备费和价差预备费。其中基本预备费一般由以下四部分构成：工程变更及洽商增加的费用；一般自然灾害处理增加的费用；不可预见的地下障碍物处理的费用；超规超限设备运输增加的费用。

16. [答案] C

[解析] 基本预备费是按工程费用和工程建设其他费用二者之和为计取基础，乘以基本预备费费率进行计算。基本预备费＝（工程费用＋工程建设其他费用）×基本预

备费费率

17. ［答案］C

［解析］基本预备费内容包括：①在批准的基础设计和概算范围内增加的设计变更、局部地基处理等费用；②一般自然灾害造成的损失和预防自然灾害所采取措施的费用；③竣工验收时为鉴定工程质量，对隐蔽工程进行必要的挖掘和修复的费用；④超规超限设备运输过程中可能增加的费用。

18. ［答案］C

［解析］国外贷款利息的计算中，年利率应综合考虑贷款协议中向贷款方加收的手续费、管理费、承诺费，以及国内代理机构经国家主管部门批准的以年利率的方式向贷款单位收取的转贷费、担保费、管理费等。

二、多项选择题

1. ［答案］CD

［解析］为有效地控制工程造价，应将工程造价管理的重点转到工程项目策划决策和设计阶段。

2. ［答案］ABCE

［解析］人工日工资单价由计时工资或计件工资、奖金、津贴补贴以及特殊情况下支付的工资组成。选项A属于奖金；选项B、C属于津贴补贴；选项E属于特殊情况下支付的工资。

3. ［答案］ABD

［解析］人工日工资单价由计时工资或计件工资、奖金、津贴补贴以及特殊情况下支付的工资组成。劳动竞赛奖金属于奖金，流动施工津贴属于津贴补贴。

4. ［答案］ADE

［解析］企业管理费包括：①管理人员工资；②办公费；③差旅交通费；④固定资产使用费；⑤工具用具使用费；⑥劳动保险和职工福利费；⑦劳动保护费；⑧检验试验费；⑨工会经费；⑩职工教育经费；⑪财产保险费；⑫财务费；⑬税金；⑭其他。选项A属于办公费的内容；选项D属于工会经费

的内容；选项E属于财务费的内容。

5. ［答案］ABD

［解析］企业管理费内容包括：管理人员工资、办公费、差旅交通费、固定资产使用费、工具用具使用费、劳动保险和职工福利费、劳动保护费、检验试验费、工会经费、职工教育经费、财产保险费、财务费、税金、其他。原列入规费的工程排污费已经于2018年1月停止征收，选项C错误。施工生产用仪器仪表使用费属于施工机具使用费，选项E错误。

6. ［答案］CDE

［解析］工程排污费已停止征收，检验试验费属于企业管理费。

7. ［答案］BDE

［解析］选项A属于措施项目费；选项C属于清单中的划分。

8. ［答案］BDE

［解析］进口环节增值税额＝组成计税价格×增值税税率组成计税价格＝关税完税价格＋关税＋消费税。

9. ［答案］DE

［解析］外贸手续费＝到岸价格（CIF）×人民币外汇汇率×外贸手续费率；关税＝到岸价格（CIF）×人民币外汇汇率×进口关税税率。

10. ［答案］BCE

［解析］运费和装卸费由国产设备由制造厂交货地点起至工地仓库（或施工组织设计指定的需要安装设备的堆放地点）止所发生的运费和装卸费，进口设备则由我国到岸港口或边境车站起至工地仓库（或施工组织设计指定的需要安装设备的堆放地点）止所发生的运费和装卸费，选项A错误。采购与仓库保管费指采购、验收、保管和收发设备所发生的各种费用，包括设备采购人员、保管人员和管理人员的工资、工资附加费、办公费、差旅交通费，选项D错误。

11. ［答案］ABDE

［解析］银行财务费的计算基础为FOB价，

选项 C 错误。

12. ［答案］BCE

［解析］在国际贸易中，较为广泛使用的交易价格术语有 FOB、CFR 和 CIF。

13. ［答案］ABE

［解析］技术开发费包含在企业管理费的其他费中，印花税包含在企业管理费的税金中，财产保险费在企业管理费中单列。

第四章　工程计价方法及依据

本章主要讲述的是作为造价工程师应掌握工程计价的相关方法及计价的相关依据，并以此为基础，在工程建设各阶段进行工程项目全过程的决策、设计、发承包、施工和竣工等阶段进行造价管理。

本章考核内容并不难，理解记忆型的内容较多。关于考核的内容、形式相对固定，考生可以通过相关题目的训练理解本考点的具体内容。

■ 知识脉络

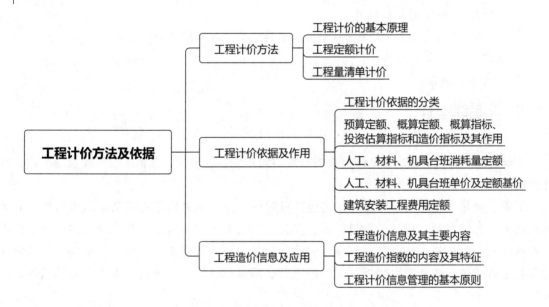

第一节　工程计价方法

一、工程计价的基本方法

工程计价的方法有多种，各有差异，但工程计价的基本过程和原理是相同的。

从工程费用计算角度分析，工程计价的顺序是：分部分项工程造价→单位工程造价→单项工程造价→建设项目总造价。

（一）工程费用的计算公式

工程费用是计算建设项目工程造价的基础，也是工程计价最核心的内容。

工程费用的计算公式可以表达为：

$$X = \sum_{i=1}^{t} \sum_{j=0}^{m} \sum_{k=0}^{n} Q_{ijk} P_{ijk} + \sum_{r=0}^{v} H_r$$

式中　Q_{ijk}——第 i 个单项工程中第 j 个单位工程中第 k 个分部分项项目的建筑、安装或设备工程量，$i=1，2，\cdots，l$；$j=0，1，2，\cdots，m$；$k=0，1，2，\cdots，n$；

　　　　P_{ijk}——综合单价，$i=1，2，\cdots，l$；$j=0，1，2，\cdots，m$；$k=0，1，2，\cdots，n$；

　　　　H_r——措施项目费，$r=0，1，2，\cdots，v$。

（二）综合单价的计算公式

在综合单价确定上，我国一直沿用传统的定额进行组价，即成本法。综合单价的成本法，即根据定额的人、材、机要素消耗量和工程造价管理机构发布的价格信息或市场价格、费用定额等来计算综合单价。

综合单价的计算公式可以表达为：

$$P_{ijk}=DP_1+TP_2+MP_3+X+Y$$

式中　D——人工消耗量；

　　　　T——材料消耗量；

　　　　M——施工机具消耗量；

　　　　P_1、P_2、P_3——人工工日单价、材料单价、施工机具台班单价；

　　　　X——企业管理费；

　　　　Y——利润

二、工程定额计价

（一）工程定额的原理

工程定额主要指国家、地方或行业主管部门制定的各种定额，包括工程消耗量定额和工程计价定额等。

工程定额是指在建筑安装工程施工生产过程中，为完成某项工程或某项结构构件，必须消耗的劳动力、材料和机具的数量标准。在社会平均的生产条件下，生产单位的质量合格产品所必需的人工材料、机具数量标准，就称为建筑安装工程定额，简称工程定额。工程定额除了规定有数量标准外，也规定了工作的内容、质量标准、生产方法、安全要求和适用的范围等。

工程定额按照编制的程序和用途不同，可以分为施工定额、预算定额、概算定额、概算指标和投资估算指标等。

按编制的部门和适用范围的不同，可以分为全国统一定额、行业定额、地区统一定额、企业定额、补充定额。

（二）工程定额的作用

工程定额的作用见表 4-1-1。

表 4-1-1　工程定额的作用

分类	研究对象	主要作用	定额性质
施工定额	某一施工过程，或基本工序	施工企业成本管理和工料计划的重要依据	生产定额

续表

分类	研究对象	主要作用	定额性质
预算定额	完成一定计量单位合格分项工程和结构构件	预算定额是一种计价性定额，以施工定额为基础综合扩大编制而成，主要用于施工图预算的编制，也可用于工程量清单计价中综合单价的计算	计价定额
概算定额	单位合格扩大分项工程或扩大结构构件	概算定额是一种计价定额，一般以预算定额为基础综合扩大编制而成，主要用于设计概算的编制	
概算指标	扩大分项工程	概算指标是一种计价定额，主要用于编制初步设计概算	
投资估算指标	项目、单项工程、单位工程	投资估算指标是一种计价定额，主要用于编制投资估算	

（三）工程定额计价的程序

工程定额计价的程序见表4-1-2。

表 4-1-2　工程定额计价的程序

编制步骤	工作内容
收集资料	资料包括：①设计图纸；②现行工程计价依据；③工程协议或合同；④施工组织设计
熟悉图纸和现场	(1) 熟悉图纸 (2) 注意施工组织设计有关内容 (3) 了解必要的现场实际情况
计算工程量	(1) 根据设计图示的工程内容和定额项目，列出需计算工程量的分部分项项目 (2) 根据一定的计算顺序和计算规则，图纸所标明的尺寸、数量以及附有的设备明细表、构件明细表有关数据，列出计算式，计算工程量 (3) 汇总
套定额单价	(1) 分项工程名称、规格和计算单位必须与定额中所列内容完全一致 (2) 定额换算 (3) 补充定额编制 【注意】定额换算以某分项定额为基础进行局部调整
编制工料分析表	根据各分部分项工程的实物工程量和相应定额中的项目所列的用工工日及材料数量，计算出各分部分项工程所需的人工及材料数量，相加汇总便得出该单位工程所需要的各类人工和材料的数量
费用计算	在项目、工程量、单价经复查无误后，将所列项工程实物量全部计算出来后，就可以按所套用的相应定额单价计算人、材、机费，进而计算企业管理费、利润、规费及增值税等各种费用，并汇总得出工程造价
复核	复核时，应对工程量计算公式和结果、套价、各项费用的取费及计算基础和计算结果、材料和人工价格及其价格调整等方面是否正确进行全面复核
编制说明	编制说明是说明工程计价的有关情况，包括编制依据、工程性质、内容范围、设计图纸号、所用计价依据、有关部门的调价文件号、套用单价或补充定额子目的情况及其他需要说明的问题

三、工程量清单计价

（一）工程量清单的原理

按照《建筑工程工程量清单计价规范》（GB 50500—2013）的规定，在各相应专业工程工程量计算规范规定的清单项目设置和工程量计算规则基础上，计算出各个清单项目的工程量，根据规定的方法计算出综合单价，并汇总各清单合价得出工程总价。

综合单价包括完成一个规定清单项目所需的人工费、材料费和工程设备费、施工机具使用费和企业管理费、利润以及一定范围内的风险费用。

（二）工程量清单的作用

（1）工程量清单为投标人的投标竞争提供了一个平等和共同的基础。

工程量清单是由招标人负责编制，将要求投标人完成的工程项目及其相应工程实体数量全部列出，为投标人提供拟建工程的基本内容、实体数量和质量要求等的基础信息。这样，在建设工程的招标投标中，投标人的竞争活动就有了一个共同基础，投标人机会均等。

（2）满足市场经济条件下竞争的需要。

招标人提供工程量清单，投标人根据自身情况确定综合单价，计算出投标总价。促成企业实力的竞争，有利于建设市场的快速发展。

（3）有利于工程款的拨付和工程造价的最终结算。

中标价就是双方确定合同价的基础，投标清单上的单价就成了拨付工程款的依据。

在施工阶段，发包人根据承包人完成的工程量清单中规定的内容以及合同单价支付工程款。工程结算时，承发包双方按照工程量清单计价表中的序号对已实施的分部分项工程或计价项目，按合同单价和相关合同条款核算结算价款。

（4）有利于招标人对投资的控制。

采用工程量清单计价时，招标人可对投资变化更清楚，从而能根据投资情况来决定是否变更或进行方案比选，进而加强对建设投资的控制。

（三）工程量清单计价的程序

工程量清单计价的程序与工程定额计价基本一致。

（1）工程量清单项目组价，形成综合单价分析表。

分部分项工程项目综合单价由人工费、材料费、机械费、管理费和利润组成，并考虑风险因素。

工程量清单的工程数量，按照相应的专业工程工程量计算规范，如《房屋建筑与装饰工程工程量清单计算规范》《通用安装工程工程量清单计算规范》等规定的工程量计算规则计算。

（2）费用计算。

在工程量计算、综合单价分析复查无误后进行分部分项工程费、措施项目费、其他项目费、规费和增值税的计算，汇总得出工程造价，见下式：

$$分部分项工程费=\sum（分部分项工程量×分部分项工程项目综合单价）$$

分部分项工程项目综合单价由人工费、材料费、机械费、管理费和利润组成，并考虑风险因素。

措施项目费分为：应予计量措施项目（单价措施项目）和不宜计量的措施项目（总价措施项目）两种，其计算公式如下：

$$应予计量措施项目（单价措施项目）=\sum（措施项目工程量×措施项目综合单价）$$

$$不宜计量的措施项目（总价措施项目）=\sum（措施项目计费基数×费率）$$

$$单位工程造价=分部分项工程费+措施项目费+其他项目费+规费+增值税$$

典型例题

[例题1·单选] 关于工程造价的分布组合计价原理，下列说法正确的是（　　）。

A. 分部分项工程费＝基本构造单元工程量×工料单价

B. 工料单价指人工、材料和施工机械台班单价

C. 基本构造单元是由分部工程适当组合形成

D. 工程总价是按规定程序和方法逐级汇总形成的工程造价

[解析] 分部分项工程费＝基本构造单元工程量×相应单价，选项A错误；工料单价仅包括人工、材料、机具使用费用，是各种人工消耗量、各种材料消耗量、各类施工机具台班消耗量与其相应单价的乘积，选项B错误；基本构造单元是由分项工程分解或适当组合形成，选项C错误。

[答案] D

[例题2·单选] 影响工程造价计价的两个主要因素是（　　）。

A. 单位价格和实物工程量

B. 单位价格和单位消耗量

C. 资源市场单价和单位消耗量

D. 资源市场单价和措施项目工程量

[解析] 影响工程造价的主要因素是两个，即单位价格和实物工程数量。

[答案] A

[例题3·单选] 分部分项工程项目综合单价组成不包括（　　）。

A. 人工费　　　　　　　　　　　　B. 材料费

C. 管理费　　　　　　　　　　　　D. 税金

[解析] 分部分项工程项目综合单价由人工费、材料费、机械费、管理费和利润组成，并考虑风险因素。

[答案] D

[例题4·单选] 在下列各种定额中，以工序为研究对象的是（　　）。

A. 概算定额　　　　　　　　　　　B. 施工定额

C. 预算定额　　　　　　　　　　　D. 投资估算指标

[解析] 施工定额是指完成一定计量单位的某一施工过程，或基本工序所需消耗的人工、材料和施工机具台班数量标准。施工定额是施工企业成本管理和工料计划的重要依据。

[答案] B

[例题5·单选] 工程定额计价的主要程序有：①计算工程量；②套用定额单价；③费用计算；④复核；⑤熟悉施工图纸和现场。正确的步骤是（　　）。

A. ④—⑤—①—②—③　　　　　　B. ⑤—①—④—②—③

C. ⑤—②—①—④—③　　　　　　D. ⑤—①—②—③—④

[解析] 定额单价法编制施工图预算的基本步骤如下：①第一阶段：收集资料；②第二阶段：熟悉图纸和现场；③第三阶段：计算工程量；④第四阶段：套定额单价；⑤第五阶段：编制工料分析表；⑥第六阶段：费用计算；⑦第七阶段：复核；⑧第八阶段：编制说明。

[答案] D

[例题6·单选] 反映完成一定计量单位合格扩大结构构件需消耗的人工、材料和施工机具台班数量的定额是（　　）。

A. 概算指标

B. 概算定额

C. 预算定额

D. 施工定额

[解析] 概算定额是完成单位合格扩大分项工程，或扩大结构构件所需消耗的人工、材料、施工机具台班的数量及其费用标准。

[答案] B

[例题7·单选] 在概算定额的基础上进一步综合扩大，以建筑物和构筑物为对象，以建筑面积、体积或成套设备装置的台或组为计量单位编制的定额，称为（　　）。[2020真题]

A. 施工定额

B. 综合预算定额

C. 概算指标

D. 投资估算指标

[解析] 概算指标是在概算定额的基础上进一步综合扩大，以建筑物和构筑物为对象，以建筑面积、体积或成套设备装置的台或组为计量单位，规定所需人工、材料及施工机械台班消耗数量指标及其费用指标。

[答案] C

[例题8·多选] 下列定额中属于工程计价定额的有（　　）。[2020真题]

A. 劳动定额

B. 施工定额

C. 预算定额

D. 概算定额

E. 概算指标

[解析] 工程计价定额包括预算定额、概算定额、概算指标、投资估算指标等。

[答案] CDE

[例题9·多选] 工程定额按编制程序和用途可分为（　　）。[2020真题]

A. 施工定额

B. 预算定额

C. 概算定额

D. 建筑工程定额

E. 安装工程定额

[解析] 工程定额按编制程序和用途可分为施工定额、预算定额、概算定额、概算指标、投资估算指标五种。

[答案] ABC

第二节 工程计价依据及作用

一、工程计价依据的分类

工程计价依据的分类见表 4-2-1。

表 4-2-1 工程计价依据的分类

分类标准		内容
按用途分类	规范工程计价的依据	(1) 国家标准，如《建设工程工程量清单计价规范》（GB 50500—2013） (2) 有关行业主管部门发布的规章、规范 (3) 行业协会推荐性规程
	计算设备数量和工程量的依据	(1) 可行性研究资料 (2) 初步设计、扩大初步设计、施工图设计图纸和资料 (3) 工程变更及施工现场签证
	计算分部分项工程人工、材料、机具台班消耗量及费用的依据	(1) 概算指标、概算定额、预算定额 (2) 人工单价 (3) 材料预算单价 (4) 机具台班单价 (5) 工程造价信息
	计算建筑安装工程费用的依据	(1) 费用定额 (2) 价格指数
	计算设备费的依据	设备价格、运杂费率等
	计算工程建设其他费用的依据	(1) 用地指标 (2) 各项工程建设其他费用定额等
	相关的法规和政策	(1) 包含在工程造价内的税种、税率 (2) 与产业政策、能源政策、环境政策、技术政策和土地等资源利用政策有关的取费标准 (3) 利率和汇率 (4) 其他计价依据
按使用对象分类	规范建设单位计价行为的依据	可行性研究资料、用地指标、工程建设其他费用定额等
	规范建设单位和承包商双方计价行为的依据	包括国家标准《建设工程工程量清单计价规范》（GB 50500—2013）、"计量规范"和《建筑工程建筑面积计算规范》（GB/T 50353—2013）、行业标准和中国建设工程造价管理协会发布的建设项目投资估算、设计概算、工程结算、全过程造价咨询等规程；初步设计、扩大初步设计、施工图设计；工程变更及施工现场签证；概算指标、概算定额、预算定额；人工单价；材料预算单价；机具台班单价；工程造价信息；费用定额；设备价格、运杂费率等；包含在工程造价内的税种、税率；利率和汇率；经批准的前期造价文件；其他计价依据

典型例题

［例题 1·单选］以下属于计算分部分项工程人工、材料、机械台班消耗量及费用依据的是（　　）。

A. 工程造价信息　　　　　　　　　　B. 工程建设其他费定额

C. 间接费定额　　　　　　　　　　　D. 运杂费率

[解析] 计算分部分项工程人工、材料、机具台班消耗量及费用的依据：①概算指标、概算定额、预算定额；②人工单价；③材料预算单价；④机具台班单价；⑤工程造价信息。

[答案] A

[例题2·单选] 以下属于计算建筑安装工程费用依据的是（　　）。

A. 用地指标

B. 工程建设其他费定额

C. 费用定额

D. 运杂费率

[解析] 计算建筑安装工程费用的依据：①费用定额；②价格指数。

[答案] C

[例题3·单选] 工程造价的计价依据按用途分类可以分为七大类，其中计算设备费依据的是（　　）。

A. 各项工程建设其他费用定额

B. 设备价格、运杂费率等

C. 间接费定额

D. 概算指标、概算定额、预算定额

[解析] 计算设备费的依据：设备价格、运杂费率等。

[答案] B

二、预算定额、概算定额、概算指标、投资估算指标和造价指标及其作用

（一）预算定额

1. 预算定额的作用

（1）编制施工图预算、确定工程造价的依据。

（2）编制施工组织设计的依据。

（3）预算定额是合理编制最高投标限价的基础。

（4）预算定额是施工单位进行经济活动分析的依据。

（5）预算定额是编制概算定额的基础。

2. 预算定额的编制原则

预算定额的编制依据社会平均水平和简明适用两个原则进行编制。

3. 预算定额消耗量的确定

（1）预算定额中人、材、机消耗量的确定，见表4-2-2。

表4-2-2 预算定额中人、材、机消耗量的确定

类型	消耗量的确定
人工消耗量的确定	概念：是指完成该分项工程必须消耗的各种用工 内容： （1）基本用工：指完成分项工程的主要用工量 （2）材料超运距用工：指超过人工定额规定的材料、半成品运距的用工 （3）辅助用工：指材料需在现场加工的用工，如筛砂子、淋石灰膏等增加的用工量 （4）人工幅度差：指正常施工条件下，人工定额中未包括的而在一般正常施工情况下又不可避免的一些零星用工。例如各工种交叉作业配合工作的停歇时间，工程质量检查和工程隐蔽、验收等所占的时间

续表

类型	消耗量的确定
材料消耗量的确定	内容： (1) 材料包括主要材料、辅助材料、周转性材料和其他材料 　1) 主要材料是指直接构成工程实体的材料。如钢筋、水泥等 　2) 辅助材料是指构成工程实体的除主要材料以外的其他材料。如垫木、钉子、铅丝等 　3) 周转性材料是指脚手架、模板等多次周转使用但不构成工程实体的摊销性材料；其他材料是指用量较少、难以计量的零星用料。如棉纱、编号用的油漆等 (2) 凡设计图纸标注尺寸及下料要求的，按设计图纸计算材料净用量，如混凝土、钢筋等材料 (3) 材料损耗量：在正常施工条件下，不可避免的材料损耗，如现场内材料运输损耗及施工操作过程中的损耗等 (4) 周转性材料
机具台班消耗量的确定	预算定额的机具台班消耗量的计量单位是"台班"，按现行规定，每个工作台班按机械工作 8 小时计算 $$分项定额机械台班使用量 = \frac{分项定额计量单位值}{小组总人数 \times \sum (分项计算的取定比例 \times 劳动定额综合产量)}$$ $$分项定额机械台班使用量 = \frac{分项定额计量单位量}{小组总产量}$$

（二）概算定额

概算定额的主要作用：

（1）概算定额是扩大初步设计阶段编制设计概算和技术设计阶段编制修正概算的依据。

（2）概算定额是对设计项目进行技术经济分析和比较的基础资料之一。

（3）概算定额是编制建设项目主要材料计划的参考依据。

（4）概算定额是编制概算指标的依据。

（三）概算指标

概算指标是概算定额的扩大与合并，它是以整个建筑物或构筑物为对象，以"m²""m³"或"座"等为计量单位来编制的。

概算指标的主要作用：

（1）设计单位编制初步设计概算、选择设计方案的依据。

（2）建设管理部门编制投资估算和编制基本建设计划，估算主要材料用量计划的依据。

（3）考核基本建设投资效果的依据。

（四）投资估算指标

投资估算指标通常是以独立的单项工程或完整的工程项目为对象编制确定的生产要素消耗的数量标准或项目费用标准，是根据已建工程或现有工程的价格数据和资料，经分析、归纳和整理编制而成的。

投资估算指标是在项目建议书和可行性研究阶段编制投资估算、计算投资需要量时使用的一种指标，作为编制固定资产长远规划投资额的参考，是合理确定建设工程项目投资的经济指标。

投资估算指标一般可分为建设项目综合指标、单项工程指标和单位工程指标三个层次。

（五）工程造价指标

工程造价指标是指根据已完成或在建工程整体的各种造价信息，经过统一格式及标准化处理后反映建设工程整体或局部在某时、某地，一定计量单位的造价数值。

典型例题

[例题 1·单选] 概算指标是以（　　）为对象的消耗指标。

A. 单位工程

B. 分部工程

C. 整个建筑物或构筑物

D. 分项工程

[解析] 概算指标是以整个建筑物或构筑物为对象，以"m²""m³"或"座"等为计量单位，规定了人工、材料、机具台班的消耗指标的一种标准。

[答案] C

[例题 2·单选] 工程建设（　　）是编制建设项目建议书、可行性研究报告等前期工作阶段投资估算的依据。

A. 投资估算指标

B. 概算定额

C. 预算定额

D. 概算指标

[解析] 工程建设投资估算指标是编制项目建议书、可行性研究报告等前期工作阶段投资估算的依据，也可以作为编制固定资产长远规划投资额的参考。

[答案] A

[例题 3·单选] 预算定额中，人工消耗由基本用工、材料超运距用工和（　　）组成。[2020 真题]

A. 人工幅度差

B. 劳动用工

C. 技术用工

D. 机械幅度差

[解析] 预算定额中的人工消耗量是指完成该分项工程必须消耗的各种用工。包括基本用工、材料超运距用工、辅助用工和人工幅度差。

[答案] A

[例题 4·单选] 按其用途和用量的大小，钢管脚手架在预算定额中属于（　　）。[2020 真题]

A. 主要材料

B. 消耗性材料

C. 辅助材料

D. 周转性材料

[解析] 按用途和用量的大小可将预算定额中的材料分为：①主要材料：指直接构成工程实体的大宗性材料，其中包括原材料、半成品、成品等。②辅助材料：也是直接构成工程实体，但使用量较少的材料。如垫木、铁钉等。③周转性材料：是指在施工中能反复周转使用、不构成工程实体的工具性材料。如：模板、脚手架等。

[答案] D

[例题5·多选] 下列属于预算定额作用的有（　　）。

A. 编制施工图预算的依据

B. 编制投资估算的依据

C. 编制施工单位进行经济活动分析的依据

D. 编制概算定额的基础

E. 编制施工组织设计的依据

[解析] 预算定额的作用：①预算定额是编制施工图预算、确定建筑安装工程造价的基础；②预算定额是编制施工组织设计的依据；③预算定额是施工单位进行经济活动分析的依据；④预算定额是编制概算定额的基础；⑤预算定额是合理编制最高投标限价的基础。

[答案] ACDE

[例题6·多选] 下列属于预算定额的编制原则的有（　　）。

A. 社会先进水平原则

B. 社会平均水平原则

C. 尽可能详细原则

D. 尽量增加定额附注原则

E. 简明适用原则

[解析] 预算定额编制的原则为：①社会平均水平原则；②简明适用原则。

[答案] BE

三、人工、材料、机具台班消耗量定额

定额按生产要素内容分类一般分为人工定额、材料消耗定额和施工机具台班使用定额。

人、材、机的消耗量一般参照定额进行确定。在编制招标控制价时一般参照政府颁发的消耗量定额；编制投标报价时一般采用反映企业水平的企业定额，投标企业没有企业定额时可参照消耗量定额进行调整。

（一）劳动定额

扫码听课

1. 劳动定额的分类及其关系

人工定额也称劳动定额。按表现形式的不同分为时间定额和产量定额。

（1）时间定额。就是某种专业，某种技术等级工人班组或个人，在合理的劳动组织和合理使用材料的条件下，完成单位合格产品所必需的工作时间。

（2）产量定额。就是在合理的劳动组织和合理使用材料的条件下，某种专业、某种技术等级的工人班组或个人在单位工日中所应完成的合格产品的数量。

2. 时间定额与产量定额的关系

时间定额与产量定额是互为倒数的关系，即：

$$时间定额 = \frac{1}{产量定额}$$

3. 工作时间

（1）工人工作时间。

工人工作时间分类见图4-2-1，其主要内容见表4-2-5。

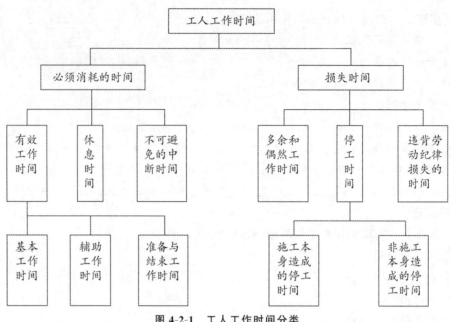

图 4-2-1　工人工作时间分类

表 4-2-5　工人工作时间的内容

时间	内容		
必须消耗的时间	必须消耗的时间是工人在正常施工条件下，为完成一定产品（工作任务）所必须消耗的时间		
	有效工作时间	从生产效果来看与产品生产直接有关的时间消耗	
		基本工作时间	工人完成与产品生产直接有关的工作时间，如砌砖施工过程的挂线、铺灰浆、砌砖等工作时间，基本工作时间一般与工作量的大小成正比
		辅助工作时间	为了保证基本工作顺利完成而同技术操作无直接关系的辅助性工作时间，如修磨校验工具、移动工作梯、工人转移工作地点等所需时间
		准备与结束工作时间	工人在执行任务前的准备工作（包括工作地点、劳动工具、劳动对象的准备）和完成任务后的整理工作时间
	休息时间	工人为恢复体力所必需的休息时间	
	不可避免的中断时间	由于施工工艺特点所引起的工作中断时间，如汽车司机等候装货的时间，安装工人等候构件起吊的时间等	
损失时间	损失时间是与产品生产无关，而与施工组织和技术上的缺点有关，与工人在施工过程中的个人过失或某些偶然因素有关的时间消耗		
	多余和偶然工作时间	指在正常施工条件下不应发生的时间消耗，如拆除超过图示高度的多余墙体的时间	
	停工时间	分为施工本身造成的停工时间和非施工本身造成的停工时间，如材料供应不及时，由于气化和水、电源中断而引起的停工时间	
	违反劳动纪律的损失时间	在工作班内工人迟到、早退、闲谈、办私事等原因造成的工时损失	

（2）机械工作时间。

机械工作时间的分类见图 4-2-2，其主要内容见表 4-2-6。

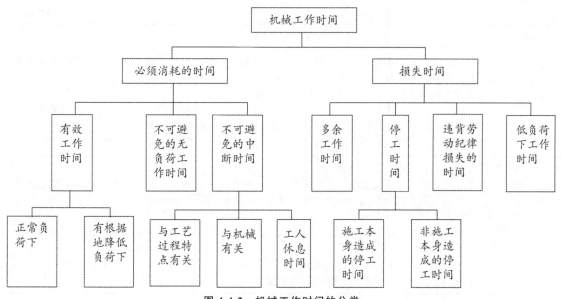

图 4-4-2 机械工作时间的分类

表 4-2-6 机械工作时间的内容

时间		内容
必须消耗的时间	有效工作时间	包括正常负荷下的工作时间、有根据的降低负荷下的工作时间
	不可避免的无负荷工作时间	由施工过程的特点所造成的无负荷工作时间，如推土机到达工作段终端后倒车时间，起重机吊完构件后返回构件堆放地点的时间等
	不可避免的中断时间	与工艺过程的特点、机械使用中的保养、工人休息等有关的中断时间，如汽车装卸货物的停车时间，给机械加油的时间，工人休息时的停机时间
损失时间	机械多余的工作时间	指机械完成任务时无须包括的工作占用时间，如灰浆搅拌机搅拌时多运转的时间，工人没有及时供料而使机械空运转的延续时间
	机械停工时间	指由于施工组织不好及由于气候条件影响所引起的停工时间，如未及时给机械加水、加油而引起的停工时间
	违反劳动纪律的停工时间	由于工人迟到、早退等原因引起的机械停工时间
	低负荷下工作时间	由于工人或技术人员的过错所造成的施工机具在降低负荷的情况下工作的时间

4. 劳动定额的编制方法

劳动定额的编制方法及适用范围见表 4-2-7。

表 4-2-7 劳动定额的编制方法及适用范围

编制方法	适用范围
经验估计法	（1）根据实际工作经验，确定定额消耗量的方法 （2）特点是方法简单，工作量小，便于及时制定和修订定额。制定的定额准确性较差，难以保证质量 （3）适用于多品种生产或单件、小批量生产的企业，以及新产品试制和临时性生产
统计分析法	一般生产条件比较正常、产品较固定、原始记录和统计工作比较健全的企业均可采用统计分析法

编制方法	适用范围
技术测定法	（1）通过对施工过程的具体活动进行实地观察，整理出可靠的原始数据资料，为制定定额提供科学依据的一种方法 （2）技术测定法是一种较为先进和科学的方法 （3）优点：重视现场调查研究和技术分析，有一定的科学技术依据，制定定额的准确性较好，定额水平易达到平衡，可发现和揭露生产中的实际问题 缺点：费时费力，工作量较大，没有一定的文化和专业技术水平难以胜任此项工作
比较类推法	（1）比较类推法也叫典型定额法 （2）比较类推法是在相同类型的项目中选择有代表性的典型项目，然后根据测定的定额用比较类推的方法编制其他相关定额的一种方法 （3）比较类推法应具备的条件： 结构上的相似性、工艺上的同类性、条件上的可比性、变化的规律性。比较类推法制定定额因有一定的依据和标准，其准确性和平衡性较好 （4）缺点是制定典型零件或典型工序的定额标准时，工作量较大。同时，如果典型代表件选择不准，就会影响工时定额的可靠性

（二）材料消耗定额

1. 材料消耗定额的概念

材料消耗定额是指在正常和合理使用材料的条件下，生产单位生产合格产品所需要消耗一定品种规格的材料，半成品，配件和水、电、燃料等的数量标准。包括材料的净用量和消耗量数量。

2. 净用量定额和损耗量定额

材料消耗定额及其相互关系见表4-2-8。

表4-2-8　材料消耗定额及其相互关系

项目	内容
材料消耗定额	（1）直接用于建筑安装工程上的材料 （2）不可避免产生的施工废料 （3）不可避免的施工操作损耗
材料消耗净用量定额与损耗量定额之间的关系	材料消耗定额（材料总消耗量）＝材料消耗净用量＋材料损耗量
	材料损耗率＝材料损耗量/材料净用量×100%
	材料损耗量＝材料净用量×损耗率
	材料消耗定额＝材料消耗净用量×（1＋损耗率）

3. 编制材料消耗定额的基本方法

编制材料消耗定额的基本方法见表4-2-9。

表4-2-9　编制材料消耗定额的基本方法

基本方法	内容
现场技术测定法	主要是为了取得编制材料损耗定额的资料
试验法	主要是为了确定材料消耗定额的一种方法
统计法	主要是为了获得材料消耗的各项数据，用以编制材料消耗定额
理论计算法	含义：运用一定的计算公式计算材料消耗量，确定消耗定额的一种方法。这种方法较适合计算块状、板状、卷状等材料的消耗量

（三）施工机具台班定额

施工机具台班定额的内容见表4-2-10。

表 4-2-10　施工机具台班定额的内容

项目	内容	
施工机具台班定额	拟定正常的施工条件	
	确定施工机具纯工作1小时的正常生产率	
	确定施工机具的正常利用系数	$机械正常利用系数 = \dfrac{工作班内机械纯工作时间}{机械工作时间延续时间}$
	计算机具台班定额	施工机具台班产量定额＝机械纯工作1小时正常生产率×工作班延续时间×机械正常利用系数

典型例题

[**例题 1·单选**] 在正常施工条件下，将某等级工人在单位时间内完成单位合格产品所需的劳动时间称为（　　）。

A. 产量定额　　　　　　　　　　B. 时间定额

C. 工期定额　　　　　　　　　　D. 费用定额

[**解析**] 时间定额是指某工种某一等级的工人或工人小组在合理的劳动组织等施工条件下，完成单位合格产品所必须消耗的工作时间。

[**答案**] B

[**例题 2·单选**] 某施工机械产量定额2.56（100m³/台班），则该机械时间定额为（　　）台班/100m³。[2020真题]

A. 0.004　　　　　　　　　　　　B. 0.026

C. 0.391　　　　　　　　　　　　D. 2.56

[**解析**] 时间定额与产量定额是互为倒数的关系。时间定额＝1/2.56＝0.391。

[**答案**] C

[**例题 3·单选**] 工人工作时间中，完成生产一定产品的施工工艺过程所消耗的时间，称为（　　）。[2020真题]

A. 基本工作时间

B. 有效工作时间

C. 实际工作时间

D. 定额工作时间

[**解析**] 基本工作时间是指工人完成生产一定产品的施工工艺过程所消耗的时间。

[**答案**] A

[**例题 4·单选**] 有效工作时间是指与产品生产直接关系的时间消耗，下列属于有效工作时间的是（　　）。[2020真题]

A. 损失时间　　　　　　　　　　B. 不可避免的中断时间

C. 休息时间　　　　　　　　　　D. 准备与结束时间

[**解析**] 有效工作时间是从生产效果来看与产品生产直接有关的时间消耗，包括基本工作时间、辅助工作时间、准备与结束工作时间的消耗。

[**答案**] D

[例题5·单选] 下列施工机械消耗时间中，属于机械必须消耗时间的是（　　）。

A. 未及时供料引起的机械停工时间

B. 由于气候条件引起的机械停工时间

C. 装料不足时的机械运转时间

D. 因机械保养而中断使用的时间

[解析] 施工机械消耗时间分为必须消耗时间和损失时间，在必须消耗的工作时间里，包括有效工作、不可避免的无负荷工作和不可避免的中断三项时间消耗。而在有效工作的时间消耗中又包括正常负荷下、有根据地降低负荷下的工时消耗。因机械保养而中断使用的时间属于不可避免中断时间的内容。选项A属于机器的多余工作时间，选项B属于非施工本身造成的停工时间，选项C属于低负荷下的工作时间，这三项都属于损失时间。

[答案] D

[例题6·单选] 某施工企业编制劳动定额时，利用该企业有近5年同类工程的施工工时消耗资料，制定劳动定额的方法是（　　）。

A. 技术测定法　　　　　　　　　　B. 比较类推法

C. 统计分析法　　　　　　　　　　D. 经验估计法

[解析] 统计分析法就是根据过去生产同类型产品、零件的实作工时或统计资料，经过整理和分析，考虑今后企业生产技术组织条件的可能变化来制定定额的方法。

[答案] C

[例题7·单选] 根据生产技术和施工组织条件，对施工过程中各工序采用进行实地观察，详细记录的方法测出其工时消耗等资料，再对所获得的资料进行分析，制定出人工定额的方法是（　　）。

A. 统计分析法　　　　　　　　　　B. 比较类推法

C. 技术测定法　　　　　　　　　　D. 经验估计法

[解析] 技术测定法是通过对施工过程的具体活动进行实地观察，详细记录工人和机械的工作时间消耗、完成产品数量及有关影响因素，并将记录结果予以研究、分析，去伪存真，整理出可靠的原始数据资料，为制定定额提供科学依据的一种方法。

[答案] C

[例题8·单选] 材料消耗定额中不可避免的消耗一般以损耗率表示，损耗率的计算公式为（　　）。

A. 损耗率＝损耗量/材料消耗定额×100%

B. 损耗率＝损耗量/净用量×100%

C. 损耗率＝损耗量/（净用量＋损耗量）×100%

D. 损耗率＝损耗量/（净用量－损耗量）×100%

[解析] 损耗率＝损耗量/净用量×100%。

[答案] B

[例题9·单选] 某建设工程使用混凝土，净用量为1000m³，混凝土的损耗率为3%，则该混凝土的总消耗量为（　　）m³。

A. 1000　　　　　　　　　　　　　B. 1003

C. 1030　　　　　　　　　　　　　D. 1300

[解析] 本题中，材料消耗定额（总消耗量）＝净用量×（1＋损耗率）＝1000×（1＋3%）＝1030（m³）。

[答案] C

[例题 10·单选] 已知某挖土机挖土的一个工作循环需 2min，每循环一次挖土 0.5m³，工作班的延续时间为 8h，时间利用系数 K＝0.85，则该机械的产量定额为（　　）m³/台班。

A. 98　　　　　　　　　　　　　　　B. 100

C. 102　　　　　　　　　　　　　　D. 108

[解析] 施工机械台班产量定额＝机械净工作生产率×工作班延续时间×机械利用系数＝0.5×（60/2）×8×0.85＝102（m³/台班）。

[答案] C

[例题 11·多选] 计算施工机具台班定额应通过（　　）确定。

A. 机械 1h 纯工作正常生产率　　　　B. 工作班延续时间

C. 机械正常利用系数　　　　　　　　D. 劳动定额

E. 多余工作时间

[解析] 施工机械的产量定额计算公式如下：施工机械台班产量定额＝机械 1h 纯工作正常生产率×工作班延续时间×机械正常利用系数。

[答案] ABC

四、人工、材料、机具台班单价及定额基价

（一）人工单价

人工单价是指施工企业平均技术熟练程度的生产工人在每工作日（国家法定工作时间内）按规定从事施工作业应得的日工资总额。

人工日工资单价组成：

（1）计时工资或计件工资。

（2）奖金。如节约奖、劳动竞赛奖等。

（3）津贴补贴。

（4）特殊情况下支付的工资。因病、工伤、产假、计划生育假、婚丧假、事假、探亲假、定期休假、停工学习、执行国家或社会义务等原因按计时工资标准或计时工资标准的一定比例支付的工资。

（二）材料单价

1. 材料单价的组成

材料单价由材料原价（或供应价格）、材料运杂费、运输损耗费、采购及保管费组成。

2. 材料单价中各项费用的确定

材料单价中各项费用的确定见表 4-2-11。

表 4-2-11　材料单价中各项费用的确定

构成	含义
材料原价（或供应价格）	材料、工程设备的出厂价格或商家供应价格
运杂费	材料、工程设备自来源地运至工地仓库或指定堆放地点所发生的全部费用

续表

构成	含义
运输损耗费	材料在运输和装卸过程中不可避免的损耗
采购及保管费	为组织采购、供应和保管材料、工程设备的过程中所需要的各项费用，包括采购费、仓储费、工地保管费、仓储损耗

材料单价＝［（材料原价＋运杂费）×（1＋运输损耗率）］×（1＋采购及保管费率）

（三）施工机具台班单价

1. 施工机械台班单价的组成

施工机械台班单价由七项费用组成，包括折旧费、检修费、维护费、安拆费及场外运费、人工费、燃料动力费和其他费用。

施工机械台班单价的组成见表 4-2-12。

表 4-2-12　施工机械台班单价的组成

组成	内容	
折旧费	$$台班折旧费＝\frac{机械预算价格×（1－残值率）}{耐用总台班}$$	
检修费	检修费是指施工机械在规定的耐用总台班内，按规定的检修间隔进行必要的检修，以恢复其正常功能所需的费用	
维护费	指施工机械在规定的耐用总台班内，按规定的维护间隔进行各级维护和临时故障排除所需的费用	
安拆费及场外运输费	安拆费指施工机械在现场进行安装与拆卸所需的人工、材料、机械和试运转费用以及机械辅助设施的折旧、搭设、拆除等费用	
	场外运费指施工机械整体或分体自停放地点运至施工现场或由一施工地点运至另一施工地点的运输、装卸、辅助材料及架线等费用	
	计入台班单价	安拆简单、移动需要起重及运输机械的轻型施工机械，其安拆费及场外运费计（运输距离均按平均 30km 计算）
	单独计算	（1）安拆复杂、移动需要起重及运输机械的重型施工机械 （2）利用辅助设施移动的施工机械，其辅助设施（包括轨道和枕木）等的折旧、搭设和拆除等费用可单独计算
	不需计算	（1）不需安拆的施工机械，不计算一次安拆费 （2）不需相关机械辅助运输的自行移动机械，不计算场外运费 （3）固定在车间的施工机械，不计算安拆费及场外运费
人工费	台班人工费＝人工消耗量×［1＋（年制度工作日－年工作台班）/年工作台班］×人工单价	
燃料动力费	燃料动力费是指施工机械在运转作业中所耗用的燃料及水、电等费用	
其他费用	其他费用是指施工机械按照国家规定应缴纳的车船税、保险费及检测费等	

2. 施工仪器仪表台班单价

施工仪器仪表台班单价由四项费用组成，包括折旧费、维护费、校验费、动力费。

施工仪器仪表台班单价中的费用组成不包括检测软件的相关费用。

（四）定额基价

定额基价是指完成定额规定项目的单位建筑安装产品，在定额编制基期所需的人工费、材料费、施工机具使用费用总和。定额基价相对比较稳定，是不完全价格，只包含了人工、材料、机械台班的费用。

定额基价的构成见表4-2-13。

表 4-2-13 定额基价的构成

	定额项目基价＝人工费＋材料费＋施工机具费
定额基价的构成	人工费＝定额项目工日数×人工单价
	材料费＝∑（定额项目材料用量×材料单价）
	施工机具费＝∑（定额项目台班量×台班单价）

典型例题

[**例题1·单选**] 根据《建筑安装工程费用项目组成》（建标〔2013〕44号），建筑施工现场工作人员的"工伤"期间领取的工资属于人工费中的（　　）。

A. 计时工资

B. 劳动保险费

C. 津贴补贴

D. 特殊情况下支付的工资

[**解析**] 特殊情况下支付的工资是指根据国家法律、法规和政策规定，因病、工伤、产假、计划生育假、婚丧假、事假、探亲假、定期休假、停工学习、执行国家或社会义务等原因按计时工资标准的一定比例支付的工资。

[**答案**] D

[**例题2·单选**] 某工地从某处采购同一种商业混凝土，已知供应价格为450元，运杂费为50元，运输损耗率为2%，采购及保管费率为6%，则该商品混凝土的材料单价为（　　）元。

A. 510 　　　　　　　　　　　　B. 530

C. 540 　　　　　　　　　　　　D. 540.6

[**解析**] 材料单价＝（450＋50）×（1＋2%）×（1＋6%）＝540.6（元）。

[**答案**] D

[**例题3·单选**] 某施工机械预算价格60万元，折旧10年，年平均200个台班，残值率5%，台班折旧费是（　　）元。

A. 237.5 　　　　　　　　　　　B. 285

C. 300 　　　　　　　　　　　　D. 315

[**解析**] 台班折旧费＝$\dfrac{机械预算价格×（1-残值率）}{耐用总台班}$＝$\dfrac{60×10000×（1-5\%）}{200×10}$＝285（元）。

[**答案**] B

[**例题4·单选**] 定额基价，也称分项工程单价，一般是指在一定使用范围内建筑安装单位产品的（　　）。

A. 不完全价格 　　　　　　　　　B. 完全价格

C. 人工费＋材料费 　　　　　　　D. 材料费＋机械费

[**解析**] 定额基价是指反映完成定额项目规定的单位建筑安装产品，在定额编制基期所需的人工费、材料费、施工机具使用费或其总和。定额基价相对比较稳定，有利于简化概（预）算的编制工作。之所以是不完全价格，是因为只包含了人工、材料、机械台班的费用。

[**答案**] A

[例题 5·单选] 某挖掘机配司机 1 人,若年制度工作日为 245 天,年工作台班为 220 台班,人工工日单价为 80 元,则该挖掘机的人工费为 (   ) 元/台班。

A. 71.8   B. 80.0

C. 89.1   D. 132.7

[解析] 台班人工费＝人工消耗量×［1＋(年制度工作日－年工作台班)/年工作台班］×台班单价＝1×［1＋(245－220)/220］×80＝89.1 (元/台班)。

[答案] C

[例题 6·多选] 材料预算价格的组成包括 (   )。

A. 材料原价

B. 材料运杂费

C. 采购及保管费

D. 构件的破坏性实验费

E. 材料运输损耗费

[解析] 材料单价由下列费用组成:①材料原价 (或供应价格);②材料运杂费;③运输损耗费;④采购及保管费。

[答案] ABCE

[例题 7·多选] 以下定额基价计算公式中正确的有 (   )。

A. 定额基价＝人工费＋材料费＋施工机械使用费

B. 人工费＝∑(人工工日数量×人工日工资单价)

C. 材料费＝∑(材料数量×材料预算价格)

D. 施工机械使用费＝∑(机械台班用量×机械台班单价)

E. 换算后定额基价＝原定额基价－换入的费用＋换出的费用

[解析] 选项 A,定额项目基价＝人工费＋材料费＋施工机具费;选项 B,人工费＝定额项目工日数×人工单价;选项 C,材料费＝∑(定额项目材料用量×材料单价);选项 D,施工机械使用费＝∑(机械台班用量×机械台班单价);选项 E,换算后定额单价＝原定额基价＋换入的费用－换出的费用,故错误。

[答案] ABCD

[例题 8·多选] 下列材料单价的构成费用,包含在采购及保管费中进行计算的有 (   )。

A. 运杂费

B. 仓储费

C. 工地保管费

D. 运输损耗

E. 仓储损耗

[解析] 采购及保管费是指组织材料采购、检验、供应和保管过程中发生的费用,包含采购费、仓储费、工地保管费和仓储损耗。

[答案] BCE

五、建筑安装工程费用定额

(一) 建筑安装工程费用定额的编制原则

(1) 合理确定定额水平的原则。

（2）简明、适用性原则。

（3）定性与定量分析相结合的原则。

（二）企业管理费、利润与规费费率的确定

企业管理费、利润与规费费率的确定见表4-2-14。

表4-2-14 企业管理费、利润与规费费率的确定

费用项目	取费基数
企业管理费	以人、材、机费为计算基数
	以人工费和机械费合计为计算基础
	以人工费为计算基础
规费	以人、材、机费之和为计算基础
	以人工费和机械费合计为计算基础
	以人工费为计算基础
利润	利润＝取费基数×相应利润率 取费基数可以是人工费、直接费或直接费＋间接费

典型例题

［例题1·单选］以下各项中通常不能作为企业管理费的计算基础的是（　　）。

A. 分部分项工程费

B. 人工费

C. 人工费和施工机具使用费之和

D. 以人、材、机费为计算基数

［解析］企业管理费以人、材、机费为计算基数为计算基础、以人工费和机械费合计为计算基础及以人工费为计算基础。本题要求为不能作为计费基础的选项，因此，选项A为正确答案。

［答案］A

［例题2·多选］在确定计价定额中的利润时，可作为计算基础的有（　　）。

A. 人工费　　　　　　　　　　　　B. 材料费

C. 直接费　　　　　　　　　　　　D. 直接费＋间接费

E. 人工费、机械费，规费之和

［解析］取费基数可以是人工费，也可以是直接费，或者是直接费＋间接费。

［答案］ACD

第三节　工程造价信息及应用

一、工程造价信息的概念和特点

（一）工程造价信息的概念

工程造价信息广义上来说一切有关工程计价的工程特征、状态及其变动的消息的组合都可称为造价信息。

（二）工程造价信息的特点

工程造价信息具有区域性、多样性、专业性、系统性、动态性、季节性的特点。

（1）区域性。建筑材料大多重量大、体积大、产地远离消费地点，因而运输量大，费用也较高。因此这类建筑信息的交换和流通往往限制在一定的区域内。

（2）多样性。建设工程具有多样性的特点，要使工程造价管理的信息资料满足不同特点项目的需求，在信息的内容和形式上应具有多样性的特点。

（3）专业性。工程计价信息的专业性集中反映在建设工程的专业化上，如水利、电力、铁道、公路等工程，所需的信息有它的专业特殊性。

（4）系统性。工程计价信息是由若干具有特定内容和同类性质的、在一定时间和空间内形成的一连串信息。从工程计价信息源发出来的信息都不是孤立、紊乱的，而是大量的、有系统的。

（5）动态性。工程计价信息需要经常不断地收集和补充新的内容，进行信息更新，真实反映工程造价的动态变化。

（6）季节性。由于建筑生产受自然条件影响大，施工内容的安排必须充分考虑季节因素，使得工程计价信息也不能完全避免季节性的影响。

二、工程造价指数的内容及其特征

工程造价指数的内容及其特征见表 4-3-1。

表 4-3-1 工程造价指数的内容及其特征

类型	内容	特征
各种单项价格指数	包括：人工费、材料费、施工机具使用费价格指数、企业管理费指数、工程建设其他费用指数	属于个体指数
设备、工器具价格指数	基期和报告期的价格、数量易获得	属于总指数，用综合指数的形式来表示
建筑安装工程造价指数	涉及的方面广，利用综合指数难度大	属于总指数，用平均数指数的形式来表示
建设项目或单项工程造价指数		

三、工程计价信息管理的基本原则

工程计价信息管理的基本原则见表 4-3-2。

表 4-3-2 工程计价信息管理的基本原则

原则	内容
标准化原则	—
有效性原则	工程计价信息应针对不同层次管理者的要求进行适当加工，针对不同管理层提供不同要求和浓缩程度的信息，满足不同项目参与方高效信息交换的需要
定量化原则	工程计价信息不应是项目实施过程中产生数据的简单记录，应该是经过信息处理人员的比较与分析
时效性原则	—
高效处理原则	通过采用高性能的信息处理工具（如工程计价信息管理系统），尽量缩短信息在处理过程中的延迟

典型例题

[例题1·单选] 某类建筑材料本身的价格不高，但所需的运输费用却很高，该类建筑材料的价格信息一般具有较明显的（　　）。

A. 专业性

B. 季节性

C. 区域性

D. 动态性

[解析] 工程造价信息的区域性是指，建筑材料大多重量大、体积大、产地远离消费地点，因而运输量大，费用也较高。尤其不少建筑材料本身的价值或生产价格并不高，但所需要的运输费用却很高，这都在客观上要求尽可能就近使用建筑材料。因此，这类建筑信息的交换和流通往往限制在一定的区域内。

[答案] C

[例题2·多选] 建设项目造价指数属于总指数，是由（　　）综合编制而成。

A. 人、材、机价格指数

B. 企业管理费价格指数

C. 设备、工器具价格指数

D. 建筑安装工程造价指数

E. 工程建设其他费用指数

[解析] 建设项目或单项工程造价指数是由设备、工器具价格指数、建筑安装工程造价指数、工程建设其他费用指数综合得到的。

[答案] CDE

同步强化训练

一、单项选择题（每题的备选项中，只有1个最符合题意）

1. 根据国家相关法律、法规和政策规定，因停工学习、执行国家或社会义务等原因，按计时工资标准支付的工资属于人工日工资单价中的（　　）。

   A. 基本工资

   B. 奖金

   C. 津贴补贴

   D. 特殊情况下支付的工资

2. 关于材料单价的计算，下列计算公式中正确的是（　　）。

   A. （供应价格＋运杂费）×（1＋运输损耗率）×（1＋采购及保管费率）

   B. $\dfrac{（供应价格＋运杂费）×（1＋采购及保管费率）}{1－采购及保管费费率}$

   C. $\dfrac{（供应价格＋运杂费）}{（1－运输损耗费）×（1－采购及保管费费率）}$

   D. $\dfrac{（供应价格＋运杂费）×（1＋运输损耗率）}{1－采购及保管费费率}$

3. 以下材料消耗定额计算正确的是（　　）。

   A. 材料消耗定额＝材料消耗总用量×（1＋损耗率）

B. 材料消耗定额＝材料消耗净用量×（1＋损耗率）

C. 材料消耗定额＝材料损耗量×（1＋损耗率）

D. 材料消耗定额＝材料消耗量×（1＋损耗率）

4. 已知水泥消耗量为 41200t，损耗率 3%，那么水泥的净用量是（　　）t。

    A. 39964　　　　　　　　　　　　　　　　B. 42436

    C. 40000　　　　　　　　　　　　　　　　D. 42474

5. 用一定的数学公式计算材料消耗定额的方法是（　　）。

    A. 试验法

    B. 统计法

    C. 技术测定法

    D. 理论计算法

6. 对于工人工作时间，定额时间不包括（　　）。

    A. 辅助工作时间

    B. 施工本身造成的停工时间

    C. 不可避免的中断时间

    D. 休息时间

7. 在测定搅拌机工作时间时，由于工人上班进行准备工作，导致搅拌机晚工作 20 分钟，对该时间表述正确的是（　　）。

    A. 该时间属于停工时间，不应计入定额

    B. 该时间属于不可避免的无负荷工作时间，应计入定额

    C. 该时间属于不可避免的无负荷工作时间，不应计入定额

    D. 该时间属于不可避免的中断时间，应计入定额

8. "工程造价信息应针对不同层次管理者的要求进行适当加工，针对不同管理层提供不同要求和浓缩程度的信息。"这体现了工程造价信息管理应遵循的（　　）原则。

    A. 标准化

    B. 有效性

    C. 定量化

    D. 高效处理

9. 预算定额理应遵循价值规律的要求，按生产该产品的社会平均必要劳动时间来确定价值体现了预算定额编制的（　　）原则。

    A. 社会先进水平

    B. 简明适用

    C. 社会平均水平

    D. 经济合理

10. 根据我国建设市场发展现状，工程量清单计价和计量规范主要适用于（　　）。

    A. 项目建设前期各阶段工程造价的估量

    B. 项目初步设计阶段概算的预测

    C. 项目施工图设计阶段预算的预测

    D. 项目合同价格的形成和后续合同价格的管理

11. （　　）是编制扩大初步设计概算时，计算和确定扩大分项工程人工、材料和机械台班耗

用量的数量标准。

  A. 概算定额

  B. 概算指标

  C. 预算定额

  D. 预算指标

12. 机械纯工作时间，就是在正常施工条件下，由具备一定技能的技术工人操作施工机械净工作（   ）小时的劳动生产率。

  A. 1   B. 2   C. 3   D. 4

13. （   ）是以扩大分项工程为对象，主要用于编制初步设计概算的一种定额。

  A. 概算定额

  B. 概算指标   C. 预算定额

  D. 预算指标

14. 从工程费用计算角度分析，工程造价计价的顺序是（   ）。

  A. 单位工程造价→分部分项工程造价→单项工程造价→建设项目总造价

  B. 分部分项工程造价→单项工程造价→单位工程造价→建设项目总造价

  C. 分部分项工程造价→单位工程造价→单项工程造价→建设项目总造价

  D. 单位工程造价→单项工程造价→分部分项工程造价→建设项目总造价

15. 某施工机械设备司机 2 人，若年制度工作日为 254 天，年工作台班为 250 台班，人工日工资单价为 80 元，则该施工机械的台班人工费为（   ）元/台班。

  A. 78.72   B. 81.28

  C. 157.44   D. 162.56

16. 作为工程定额体系的重要组成部分，预算定额是（   ）。

  A. 完成一定计量单位的某一施工过程所需消耗的人工、材料和机械台班数量标准

  B. 完成一定计量单位合格分项工程和结构构件所需消耗的人工、材料、施工机械台班数量及其费用标准

  C. 完成单位合格扩大分项工程所需消耗的人工、材料和施工机械台班数量及其费用标准

  D. 完成一个规定计量单位建筑安装产品的费用消耗标准

17. 关于施工机械安拆费和场外运费的说法，正确的是（   ）。

  A. 安拆费指安拆一次所需的人工、材料和机械使用费之和

  B. 安拆费中包括机械辅助设施的折旧费

  C. 能自行开动机械的安拆费不予计算

  D. 塔式起重机安拆费的超高增加费应计入机械台班单价

18. 以建筑物或构筑物各个分项工程为对象编制的定额是（   ）。

  A. 施工定额

  B. 预算定额

  C. 材料消耗定额

  D. 概算定额

19. 下列施工机械的费用项目中，不能计入施工机械台班单价的是（   ）。

  A. 施工机械年检费

  B. 小型施工机械安装费

C. 定期保养所用的辅料费

    D. 机上司机劳动保险费

20. 工程定额计价法的第一阶段是收集资料，第二阶段是熟悉图纸和现场，第三阶段是（　　　）。

    A. 套定额单价

    B. 计算工程量

    C. 编制工料分析表

    D. 费用计算

21. 建设工程施工定额的研究对象是（　　　）。

    A. 分部分项工程

    B. 工序

    C. 扩大的分部分项

    D. 整个建筑物或构筑物

22. 一个工程量清单项目由一个或几个定额子目组成，将各定额子目的综合单价，再除以该清单项目的工程数量，即可求得该清单项目的（　　　）。

    A. 直接工程费

    B. 单项工程造价

    C. 分部分项工程费

    D. 综合单价

23. 对于同类型产品规格多、工序复杂、工作量小的施工过程，若已有部分产品施工的人工定额，则其他同类型产品施工人工定额制定适宜采用的方法是（　　　）。

    A. 比较类推法

    B. 技术测定法

    C. 统计分析法

    D. 经验估计法

24. 当一般纳税人采用一般计税方法时，材料单价中需要考虑扣除增值税进项税额的是（　　　）。

    A. 材料原价和运输损耗费

    B. 运输损耗费和采购及保管费

    C. 材料原价和运杂费

    D. 运杂费和采购及保管费

25. 确定施工机械台班定额消耗量前需计算机械时间利用系数，其计算公式正确的是（　　　）。

    A. 机械时间利用系数＝机械纯工作 1h 正常生产率×工作班纯工作时间

    B. 机械时间利用系数＝$\dfrac{1}{机械台班产量定额}$

    C. 机械时间利用系数＝$\dfrac{机械在一个工作班内纯工作时间}{一个工作班延续时间（8h）}$

    D. 机械时间利用系数＝$\dfrac{一个工作班延续时间（8h）}{机械在一个工作班内纯工作时间}$

26. 下列工程造价信息中，最能体现市场机制下信息动态性变化特征的是（　　　）。

    A. 工程价格信息

    B. 政策性文件

C. 计价标准和规范

D. 工程定额

27. 某混凝土输送泵每小时纯工作状态可输送混凝土 25m³，泵的时间利用系数为 0.75，则该混凝土输送泵的产量定额为（　　）。

A. 150m³/台班

B. 0.67 台班/100m³

C. 200m³/台班

D. 0.50 台班/100m³

二、多项选择题（每题的备选项中，有 2 个或 2 个以上符合题意，至少有 1 个错项）

1. 以按定额制定单位和执行范围分类的有（　　）。

A. 行业定额

B. 地区统一定额

C. 企业定额

D. 施工定额

E. 补充定额

2. 下列费用项目中，构成施工仪器仪表台班单价的有（　　）。

A. 折旧费

B. 检修费

C. 维护费

D. 人工费

E. 校验费

3. 根据现行建筑安装工程费用项目组成规定，下列费用项目中已包括在人工日工资单价内的有（　　）。

A. 节约奖

B. 流动施工津贴

C. 高温作业临时津贴

D. 劳动保护费

E. 探亲假期间工资

4. 下列费用项目中，应计入人工日工资单价的有（　　）。

A. 计件工资

B. 劳动竞赛奖金

C. 劳动保护费

D. 流动施工津贴

E. 职工福利费

5. 劳动定额的编制方法有（　　）。

A. 经验估计法

B. 统计分析法

C. 技术测定法

D. 比较类推法

E. 理论计算法

6. 下列施工工作时间分类选项中，属于工人有效工作时间的有（　　）。

    A. 基本工作时间

    B. 休息时间

    C. 辅助工作时间

    D. 准备与结束工作时间

    E. 不可避免的中断时间

7. 编制施工机械台班定额的主要内容有（　　）。

    A. 确定机械1小时纯工作正常生产率

    B. 拟定正常施工条件

    C. 确定机械正常利用系数

    D. 劳动定额

    E. 多余工作时间

8. 在下列机械工作时间中，属于非定额时间的有（　　）。

    A. 不可避免的中断时间

    B. 机械多余的工作时间

    C. 违反劳动纪律的停工时间

    D. 不可避免的无负荷工作时间

    E. 机械停工时间

≫≫≫ 参考答案及解析 ≪≪≪

一、单项选择题

1. ［答案］D

［解析］特殊情况下支付的工资是指根据国家法律、法规和政策规定，因病、工伤、产假、计划生育假、婚丧假、事假、探亲假、定期休假、停工学习、执行国家或社会义务等原因按计时工资标准或计时工资标准的一定比例支付的工资。

2. ［答案］A

［解析］材料单价＝［（供应价格＋运杂费）×（1＋运输损耗率）］×（1＋采购及保管费率）。

3. ［答案］B

［解析］材料消耗定额＝材料消耗净用量×（1＋损耗率）。

4. ［答案］C

［解析］材料消耗定额＝材料消耗净用量×（1＋损耗率），即，41200t＝净用量×（1＋3%），则净用量＝40000t。

5. ［答案］D

［解析］理论计算法是运用一定的计算公式计算材料消耗量，确定消耗定额的一种方法。

6. ［答案］B

［解析］施工本身造成的停工时间属于损失时间。定额时间为必须消耗的时间包括有效工作时间、休息时间、不可避免的中断时间。有效工作时间包括基本工作时间、辅助工作时间、准备与结束工作时间。

7. ［答案］D

［解析］不可避免的中断时间：由于施工工艺特点所引起的工作中断时间。如汽车司机等候装货的时间，安装工人等候构件起吊的时间等。工人上班进行准备工作属于不可避免的中断时间应该计入定额。

8. ［答案］B

［解析］有效性原则是工程造价信息应针对不同层次管理者的要求进行适当加工，针对不同管理层提供不同要求和浓缩程度的信息。

9. ［答案］C

［解析］社会平均水平原则：预算定额是确定和控制建筑安装工程造价的主要依据。因

此它必须遵照价值规律的客观要求，即按生产过程中所消耗的社会必要劳动时间确定定额水平。所以预算定额的平均水平是在正常的施工条件下，合理的施工组织和工艺条件、平均劳动熟练程度和劳动强度下，完成单位分项工程基本构造要素所需要的劳动时间。

10. [答案] D

[解析] 工程计价包括工程定额计价和工程量清单计价，一般来说，工程定额主要用于国有资金投资工程编制投资估算、设计概算、施工图预算和最高投标限价，对于非国有资金投资工程，在项目建设前期和交易阶段，工程定额可以作为计价的辅助依据。工程量清单主要用于建设工程发承包及实施阶段，工程量清单计价用于合同价格形成以及后续的合同价款管理。

11. [答案] A

[解析] 概算定额是一种计价定额，基本反映完成扩大分项工程的人、材、机消耗量及其相应费用，一般以预算定额为基础综合扩大编制而成，主要用于设计概算的编制。

12. [答案] A

[解析] 确定施工机具正常生产率必须先确定施工机具纯工作1小时的劳动生产率。

13. [答案] B

[解析] 概算指标是一种计价定额，主要用于编制初步设计概算。

14. [答案] C

[解析] 工程计价的顺序是：分部分项工程单价→单位工程造价→单项工程造价→建设项目总造价。

15. [答案] D

[解析] 台班人工费＝人工消耗量×（1＋$\frac{年制度工作日－年工作台班}{年工作台班}$）×人工单价＝2×[1＋（254－250）/250]×80＝162.56（元/台班）。

16. [答案] B

[解析] 预算定额是在正常的施工条件下，完成一定计量单位合格分项工程和结构构件所需消耗的人工、材料、施工机具台班数量及其费用标准。

17. [答案] B

[解析] 安拆费指施工机械在现场进行安装与拆卸所需的人工、材料、机械和试运转费用以及机械辅助设施的折旧、搭设、拆除等费用。不需安装、拆卸且自身又能开行的机械和固定在车间不需安装、拆卸及运输的机械，其安拆费及场外运费不计算。自升式塔式起重机安装、拆卸费用的超高起点及其增加费，各地区（部门）可根据具体情况确定。

18. [答案] B

[解析] 预算定额是以建筑物或构筑物各个分部分项工程为对象编制的定额。

19. [答案] D

[解析] 在施工机械台班单价中包括机上人工费，但司机的劳动保险费属于企业管理费的内容，不属于直接人工支出。

20. [答案] B

[解析] 工程定额计价法的第一阶段是收集资料，第二阶段是熟悉图纸和现场，第三阶段是计算工程量。

21. [答案] B

[解析] 施工定额是以同一性质的施工过程——工序作为研究对象，表示生产产品数量与时间消耗综合关系的定额。

22. [答案] D

[解析] 一个工程量清单项目由一个或几个定额子目组成，将各定额子目的综合单价汇总累加，再除以该清单项目的工程数量，即可得到该清单项目的综合单价分析表。

23. [答案] A

[解析] 对于同类型产品规格多、工序重复、工作量小的施工过程，常用比较类推法。

24. [答案] C

[解析] 材料单价是指建筑材料从其来源地运到施工工地仓库直至出库形成的综合平均单价。由材料原价、运杂费、运输损耗

费、采购及保管费组成。当一般纳税人采
用一般计税方法时，材料单价中的材料原
价、运杂费等均应扣除增值税进项税额。

25. [答案] C

[解析] 机械时间利用系数＝机械在一个工
作班内纯工作时间／一个工作班延续时间
（8h）。

26. [答案] A

[解析] 最能体现信息动态性变化特征，并
且在工程价格的市场机制中起重要作用的
工程造价信息主要包括价格信息、工程造
价指数和已完工程信息三类。

27. [答案] A

[解析] 台班产量定额＝25×8×0.75＝150
（m³／台班）。

二、多项选择题

1. [答案] ABCE

[解析] 按编制单位和执行范围的不同可以
分为全国统一定额、行业定额、地区统一
定额、企业定额、补充定额。

2. [答案] ACE

[解析] 施工仪器仪表台班单价由四项费用
组成，包括折旧费、维护费、校验费、动力
费。选项 B、D 属于施工机械台班单价。

3. [答案] ABCE

[解析] 人工日工资单价由计时工资或计件
工资、奖金、津贴补贴以及特殊情况下支付
的工资组成。选项 A 属于奖金；选项 B、C
属于津贴补贴；选项 E 属于特殊情况下支

付的工资。

4. [答案] ABD

[解析] 人工日工资单价由计时工资或计件
工资、奖金、津贴补贴以及特殊情况下支付
的工资组成。劳动竞赛奖金属于奖金，流动
施工津贴属于津贴补贴。

5. [答案] ABCD

[解析] 劳动定额的编制方法：经验估计法、
统计分析法、技术测定法、比较类推法。

6. [答案] ACD

[解析] 有效工作时间是从生产效果来看与
产品生产直接有关的时间消耗。其中，包括
基本工作时间、辅助工作时间、准备与结束
工作时间的消耗。

7. [答案] ABC

[解析] 编制施工机械台班定额的主要内容
有：①拟定正常的施工条件；②确定施工机
具纯工作1小时的正常生产率；③确定施工
机具的正常利用系数；④计算机具台班
定额。

8. [答案] BCE

[解析] 必须消耗的时间包括：①有效工作
时间：包括正常负荷下的工作时间、有根据
的降低负荷下的工作时间；②不可避免的无
负荷工作时间；③不可避免的中断时间。损
失时间包括：①机械多余的工作时间；②机
械停工时间；③违反劳动纪律的停工时间；
④低负荷下工作时间。

第五章　工程决策和设计阶段造价管理

　　本章主要讲述的是作为造价工程师应在工程决策和设计阶段进行的造价管理的内容。包括投资估算的编制、设计概算的编制、施工图预算的编制的相关方法和内容。

　　本章考核内容并不难，理解记忆型的内容较多。关于考核的内容、形式相对固定，考生可以通过相关题目的训练理解本考点的具体内容。

■ 知识脉络

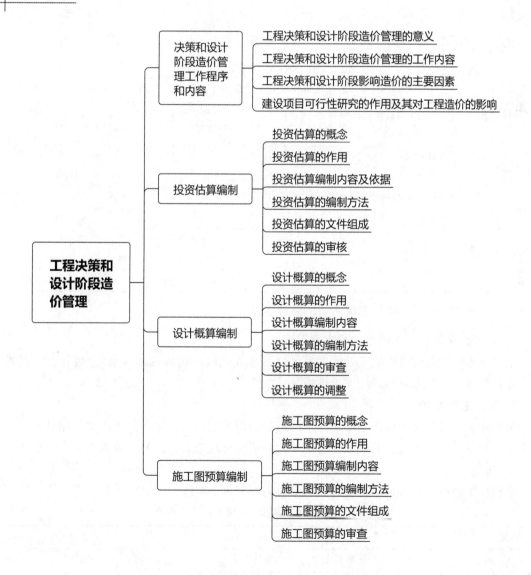

第一节 决策和设计阶段造价管理工作程序和内容

一、工程决策和设计阶段造价管理的意义

工程决策阶段的产出是决策的结果，项目决策阶段对项目投资和使用功能具有决定性的影响。工程决策和设计阶段造价管理的意义主要有以下几方面：

（1）提高资金利用效率和投资控制效率。

（2）使工程造价管理工作更主动。

（3）促进技术与经济相结合。

（4）在工程决策和设计阶段控制造价效果更显著。

工程造价管理工作贯穿于工程项目建设全过程，决策与设计阶段是整个工程造价确定与控制的龙头与关键。

二、工程决策和设计阶段造价管理的工作内容

工程决策和设计阶段造价管理的工作内容见表 5-1-1。

表 5-1-1 工程决策和设计阶段造价管理的工作内容

阶段划分	项目管理工作程序	工程造价管理工作内容	造价偏差控制
决策阶段	投资机会研究	投资估算	±30%左右
	项目建议书		±30%以内
	初步可行性研究		±20%以内
	详细可行性研究		±10%以内
设计阶段	方案设计		±10%以内
	初步设计	设计概算	±5%以内
	技术设计	修正概算	±5%以内
	施工图设计	施工图预算	±3%以内

三、工程决策和设计阶段影响造价的主要因素

（一）工程决策阶段影响造价的主要因素

工程决策阶段影响造价的主要因素有：项目建设规模、建设地区及地点（厂址）、技术方案、设备方案、工程方案和环境保护措施等。

1. 项目建设规模

项目建设规模是指项目设定的正常生产运营年份可能达到的生产能力或者使用效益。项目规模的合理选择关系着项目的成败，决定着工程造价合理与否，其制约因素有：市场因素、技术因素、环境因素。

工程决策阶段影响造价的主要因素的具体内容见表 5-1-2。

表 5-1-2 工程决策阶段影响造价的主要因素

因素	内容
市场因素	（1）市场因素是项目规模确定中需考虑的首要因素 （2）项目产品的市场需求状况是确定项目生产规模的前提 （3）原材料市场、资金市场、劳动力市场等对项目规模的选择起着程度不同的制约作用

续表

因素	内容
技术因素	先进适用的生产技术及技术装备是项目规模效益赖以存在的基础，而相应的管理技术水平则是实现规模效益的保证
环境因素	（1）政策因素包括：产业政策、投资政策、技术经济政策、国家和地区及行业经济发展规划等 （2）项目规模确定中需考虑的主要环境因素有：燃料动力供应，协作及土地条件，运输及通信条件等因素

2. 建设地址选择

（1）建设地区的选择。

建设地区选择得合理与否，影响着工程造价的高低、建设工期的长短、建设质量的好坏，影响到项目建成后的运营状况。

（2）建设地点（厂址）的选择。

建设地点的选择直接影响到项目建设投资、建设速度、建设质量和安全，以及未来企业的经营管理及所在地点的城乡建设规划与发展。

（二）工程设计阶段影响造价的主要因素

工程设计阶段影响造价的主要因素见表5-1-3。

表 5-1-3　工程设计阶段影响造价的主要因素

主要因素	内容
总平面设计	总平面设计中影响工程造价的因素有占地面积、功能分区和运输方式的选择
工艺设计	工业项目产品生产的工艺设计是工程设计的核心，是根据工业产品生产的特点、生产性质和功能来确定的
建设设计	（1）一般来说，建筑物平面形状越简单、越规则，单位面积造价越低，建筑物周长与建筑面积比（即单位建筑面积的外墙长度系数）越低，设计越经济 （2）确定多层厂房的经济层数主要有两个因素：一是厂房展开面积的大小，展开面积越大，层数越能增高；二是厂房宽度和长度，宽度和长度越大，则经济层数越能增高，造价也随之相应降低 （3）单跨厂房，当柱间距不变时，跨度越大，单位面积造价越低 （4）多跨厂房，当跨度不变时，中跨数量越多越经济
居住小区规划	居住小区规划中影响工程造价的主要因素有占地面积和建筑群体的布置形式
住宅建筑设计	衡量单元组成、户型设计的指标是结构面积系数（住宅结构面积与建筑面积之比），系数越小设计方案越经济。结构面积系数除与房屋结构形式有关外，还与房屋建筑形状及其长度和宽度有关，同时也与房间平均面积大小和户型组成有关

四、建设项目可行性研究的作用及其对工程造价的影响

（1）建设项目可行性研究的作用及其对工程造价的影响见表5-1-4。

表 5-1-4　建设项目可行性研究的作用及其对工程造价的影响

项目	内容
作用	（1）项目可行性研究是投资主体投资决策的依据 （2）项目可行性研究是向当地政府或城市规划部门申请建设执照的依据 （3）项目可行性研究是环保部门审查建设项目对环境影响的依据 （4）项目可行性研究是编制设计任务书的依据 （5）项目可行性研究是安排项目计划和实施方案的依据 （6）项目可行性研究是筹集资金和向银行申请贷款的依据

项目	内容
作用	(7) 项目可行性研究是编制科研实验计划和新技术、新设备需用计划及大型专用设备生产预安排的依据 (8) 项目可行性研究是从国外引进技术、设备以及与国外厂商谈判签约的依据 (9) 项目可行性研究是与项目协作单位签订经济合同的依据 (10) 项目可行性研究是项目后评价的依据
影响	(1) 项目可行性研究结论的正确性是工程造价合理性的前提 (2) 项目可行性研究的内容是决定工程造价的基础 (3) 工程造价高低、投资多少也影响可行性研究结论 (4) 可行性研究的深度影响投资估算的精确度，也影响工程造价的控制效果

（2）建设项目经济评价的内容。建设项目经济评价，包括财务分析和经济效果评价。具体内容见表5-1-5。

表 5-1-5　建设项目经济评价的内容

名称	前提	出发角度	计算范围	分析内容	评价内容
财务分析	在国家现行财税制度和价格体系下	从项目的角度出发	计算项目范围内的财务效益和费用	分析项目的盈利能力、清偿能力	评价项目在财务上的可行性
经济效果评价	在合理配置社会资源下	从国家经济整体利益的角度出发	计算项目对国民经济的贡献	分析项目的经济效率、效果和对社会的影响	评价项目在宏观经济上的合理性

------ 典型例题 ------

[**例题 1 · 单选**] 确定项目建设规模时，应该考虑的首要因素是（　　）。

A. 市场因素　　　　　　　　　　　　B. 生产技术因素

C. 管理技术因素　　　　　　　　　　D. 环境因素

[**解析**] 市场因素是确定建设规模需考虑的首要因素。

[**答案**] A

[**例题 2 · 单选**] 关于建筑设计对工业项目造价的影响，下列说法正确的是（　　）。

A. 建筑周长系数越高，单位面积造价越低

B. 单跨厂房柱间距不变，跨度越大，单位面积造价越低

C. 多跨厂房跨度不变，中跨数目越多，单位面积造价越高

D. 大中型工业厂房一般选用砌体结构来降低工程造价

[**解析**] 通常情况下，建筑周长系数越低，设计越经济，选项 A 错误；对于单跨厂房，当柱间距不变时，跨度越大，单位面积造价越低，选项 B 正确；对于多跨厂房，当跨度不变时，中跨数目越多越经济，选项 C 错误；对于大中型工业厂房一般选用钢筋混凝土结构，选项 D 错误。

[**答案**] B

[**例题 3 · 单选**] 关于我国项目前期各阶段投资估算的精度要求，下列说法中正确的是（　　）。

A. 项目建议书阶段，允许误差大于±30%

B. 投资设想阶段，要求误差控制在±30%以内

C. 初步可行性研究阶段，要求误差控制在±20%以内

D. 详细可行性研究阶段，要求误差控制在±15%以内

[解析] 选项 A，项目建议书阶段，要求误差控制在±30％以内；选项 B，投资机会研究阶段，要求误差控制在±30％以内；选项 D，详细可行性研究阶段，要求误差控制在±10％以内。

[答案] C

[例题4·多选] 决策阶段影响工程造价的主要因素包括（　　　）。

A. 项目建设规模　　　　　　　　　B. 技术方案

C. 设备方案　　　　　　　　　　　D. 外部协作条件

E. 环境保护措施

[解析] 工程决策阶段影响造价的主要因素有：项目建设规模、建设地区及地点（厂址）、技术方案、设备方案、工程方案和环境保护措施等。

[答案] ABCE

[例题5·多选] 总平面设计中，影响工程造价的主要因素包括（　　　）。

A. 现场条件　　　　　　　　　　　B. 占地面积

C. 工艺设计　　　　　　　　　　　D. 功能分区

E. 柱网布置

[解析] 总平面设计中影响工程造价的主要因素包括：①占地面积；②功能分区；③运输方式。

[答案] BD

第二节　投资估算编制

一、投资估算的概念

投资估算是指对拟建项目固定资产投资、流动资金和项目建设期贷款利息的估算。

投资估算是指在项目建设前期各阶段按照规定的程序、办法以及依据，通过对拟建项目所需固定资产投资、流动资金和项目建设期贷款利息的测算，是进行项目经济效果分析和评价以及进行投资决策的基础。

保证项目建设投资估算的准确，是项目建设前期各阶段造价管理的重要任务。

二、投资估算的作用

（1）投资机会研究与项目建议书阶段的投资估算对项目的规划、规模起参考作用，同时也是项目主管部门审批项目建议书的依据之一。

（2）可行性研究阶段的投资估算是研究、分析、计算项目投资经济效果的重要条件，同时也是项目投资决策的重要依据。

（3）方案设计阶段的投资估算是进行项目具体方案技术经济比选、分析的依据。

（4）建设单位可根据批准的项目投资估算额，进行资金筹措和申请贷款，是项目投资估算可作为项目资金筹措及制定建设贷款计划的依据。

（5）投资估算是编制固定资产投资计划的重要依据的重要依据，同时也是核算建设项目固定资产投资需要额的重要依据。

（6）投资估算是建设工程比选设计单位、设计方案，进行设计招标的重要依据。

三、投资估算编制内容及依据

投资估算编制内容及依据见表 5-2-1。

表 5-2-1 投资估算编制内容及依据

项目	内容
编制内容	建设项目投资估算包括建设投资、建设期利息和流动资金的估算
	建设投资估算的内容按照费用的性质划分，包括工程费用、工程建设其他费用和预备费用三部分
投资估算的基本步骤	建设项目投资估算的基本步骤如下： (1) 分别估算各单项工程所需的建筑工程费、设备及工器具购置费、安装工程费 (2) 在汇总各单项工程费用的基础上，估算工程建设其他费用和基本预备费 (3) 估算价差预备费 (4) 估算建设期利息 (5) 估算流动资金 (6) 汇总出总投资

四、投资估算的编制方法

（一）项目建议书阶段的投资估算

项目建议书阶段的投资估算内容见表 5-2-2。

表 5-2-2 项目建议书阶段的投资估算内容

估算方法	计算公式	适用条件
生产能力指数法	$C_2 = C_1 \times \left(\dfrac{Q_2}{Q_1}\right)^x \times f$	生产能力指数法主要应用于拟建装置或项目与用来参考的已知装置或项目的规模不同的场合
系数估算法	—	—
比例估算法	—	—
指标估算法	—	—

（二）可行性研究阶段的投资估算

可行性研究阶段的投资估算内容见表 5-2-3。

表 5-2-3 可行性研究阶段的投资估算内容

内容	估算方法	适用条件
建筑工程费用估算		—
设备购置费估算		—
工程建设其他费用估算		—
基本预备费估算		—
价差预备费	$P_E = \sum\limits_{t=1}^{n} I_t \left[(1+f)^m (1+f)^{0.5} (1+f)^{t-1} - 1 \right]$	

续表

内容	估算方法	适用条件
建设期利息估算	$q_j = \left(P_{j-1} + \dfrac{1}{2}A_j\right) \cdot i$	(1) 建设期利息包括向国内银行和其他非银行金融机构贷款、出口信贷、外国政府贷款、国际商业银行贷款以及在境内外发行的债券等在建设期间应计的借款利息 (2) 建设期利息的估算，根据建设期资金用款计划，可按当年借款在当年年中支用考虑，即当年借款按半年计息，上年借款按全年计息

（三）流动资金的估算

流动资金的估算见表5-2-4。

表5-2-4　流动资金的估算

估算方法	内容
分项详细估算法	(1) 分项详细估算法根据项目的流动资产和流动负债 (2) 流动资产的构成要素：包括存货、库存现金、应收账款和预付账款 (3) 流动负债的构成要素：包括应付账款和预收账款 (4) 流动资金等于流动资产和流动负债的差额
扩大指标估算法	—

五、投资估算的文件组成

投资估算文件一般由封面、签署页、编制说明、投资估算分析、总投资估算表、单项工程投资估算表、主要技术经济指标等内容组成。

（一）总投资估算汇总表

总投资估算汇总表是将工程费用、工程建设其他费用、预备费、建设期利息、流动资金等估算额以表格的形式进行汇总，形成建设项目投资估算总额。

（二）单项工程投资估算表

单项工程投资估算应按建设项目划分的各个单项工程分别计算组成工程费用的建筑工程费、设备购置费、安装工程费。

六、投资估算的审核

(1) 审核和分析投资估算编制依据的时效性、准确性和实用性。
(2) 审核选用的投资估算方法的科学性与适用性。
(3) 审核投资估算的编制内容与拟建项目规划要求的一致性。
(4) 审核投资估算的费用项目、费用数额的真实性。

━━━━ 典型例题 ━━━━

[例题1·单选] 在项目建议书和可行性研究阶段编制的工程造价是（　　）。[2020真题]

A. 投资估算
B. 设计概算
C. 施工预算
D. 施工图预算

[解析] 投资估算是指在项目建议书和可行性研究阶段通过编制估算文件预先测算的工程造价。

[答案] A

[例题 2·单选] 投资估算的主要工作包括：①估算预备费；②估算工程建设其他费；③估算工程费用；④估算设备购置费。其正确的工作步骤是（　　）。

A. ③④②①　　　　　　　　　　　　　B. ③④①②

C. ④③②①　　　　　　　　　　　　　D. ④③①②

[解析] 建设项目投资估算的基本步骤如下：①分别估算各单项工程所需的建筑工程费、设备及工器具购置费、安装工程费；②在汇总各单项工程费用的基础上，估算工程建设其他费用和基本预备费；③估算价差预备费；④估算建设期利息；⑤估算流动资金；⑥汇总出总投资。

[答案] C

[例题 3·单选] 以拟建项目的主体工程费或主要工艺设备费为基数，以其他辅助或配套工程费占主体工程费的百分比为系数，估算项目总投资的方法为（　　）。

A. 类似项目对比法

B. 系数估算法

C. 生产能力指数法

D. 比例估算法

[解析] 系数估算法也称为因子估算法，它是以拟建项目的主体工程费或主要设备购置费为基数，以其他工程费与主体工程费或设备购置费的百分比为系数，依此估算拟建项目总投资的方法。

[答案] B

[例题 4·单选] 某建设项目工程费用 5000 万元，工程建设其他费用 1000 万元，基本预备费率为 8%，年均投资价格上涨率 5%，建设期两年，计划每年完成投资 50%，则该项目建设期第二年价差预备费应为（　　）万元。

A. 160.02　　　　　　　　　　　　　B. 227.79

C. 246.01　　　　　　　　　　　　　D. 326.02

[解析] 基本预备费 $= (5000 + 1000) \times 8\% = 480$（万元），静态投资 $= 5000 + 1000 + 480 = 6480$（万元），建设期第二年完成投资 $= 6480 \times 50\% = 3240$（万元），第二年涨价预备费 $= 3240 \times \{ (1 + 5\%)^0 (1 + 5\%)^{0.5} (1 + 5\%)^{2-1} - 1 \} = 246.01$（万元）。

[答案] C

[例题 5·单选] 某新建项目的建设期为 2 年，分年度进行贷款，第一年贷款 400 万元，第二年贷款 800 万元，年利率为 6%，建设期内利息只计息不支付。建设期第二年的贷款利息为（　　）万元。[2020 真题]

A. 72.72　　　　　　　　　　　　　B. 48.72

C. 72.00　　　　　　　　　　　　　D. 48.00

[解析] 第一年的贷款利息 $= 400/2 \times 6\% = 12$（万元）。第二年的贷款利息 $= (400 + 12 + 800/2) \times 6\% = 48.72$（万元）。

[答案] B

[例题 6·单选] 采用分项详细估算法进行流动资金估算时，应计入流动负债的是（　　）。

A. 预收账款　　　　　　　　　　　　B. 存货

C. 库存资金　　　　　　　　　　　　D. 应收账款

[解析] 流动负债＝应付账款＋预收账款。

[答案] A

[例题 7·单选] 关于建设期利息计算公式 $q_j = \left(P_{j-1} + \dfrac{1}{2}A_j\right) \cdot i$ 的应用，下列说法正确的是（　　）。

A. 按总贷款在建设期内均衡发放考虑

B. p_{j-1} 为第（$j-1$）年年初累计贷款本金和利息之和

C. 按贷款在年中发放和支用考虑

D. 按建设期内支付贷款利息考虑

[解析] 在总贷款分年均衡发放前提下，可按当年借款在当年中支用考虑，即当年借款按半年计息，上年借款按全年计息，选项 A、D 错误；p_{j-1} 为第（$j-1$）年末累计贷款本金和利息之和，选项 B 错误。

[答案] C

第三节　设计概算编制

一、设计概算的概念

设计概算是初步设计阶段以初步设计文件为依据，概略地计算建设项目所需总投资的文件。

采用两阶段设计的建设项目，设计阶段分为，初步设计阶段和施工图设计阶段。

初步设计阶段必须编制设计概算；施工图设计阶段编制施工图预算。

采用三阶段设计的建设项目，除了初步设计阶段和施工图设计阶段之外，还在初步设计阶段之后增加扩大初步设计，在扩大初步设计阶段必须编制修正概算。

二、设计概算的作用

（1）设计概算是考核建设项目投资效果的依据。

（2）设计概算是编制固定资产投资计划，确定和控制建设项目投资的依据。国家规定，确定计划投资总额及其构成数额，要以批准的初步设计概算为依据。

（3）设计概算是控制施工图设计和施工图预算的依据。

（4）设计概算是衡量设计方案技术经济合理性和选择最佳设计方案的依据。

（5）设计概算是编制招标控制价（标底）和投标报价的依据。

（6）设计概算是交易阶段签订工程施工合同和贷款合同的依据。

三、设计概算编制内容

设计概算可分单位工程概算、单项工程综合概算和建设项目总概算三级，见图 5-3-1。

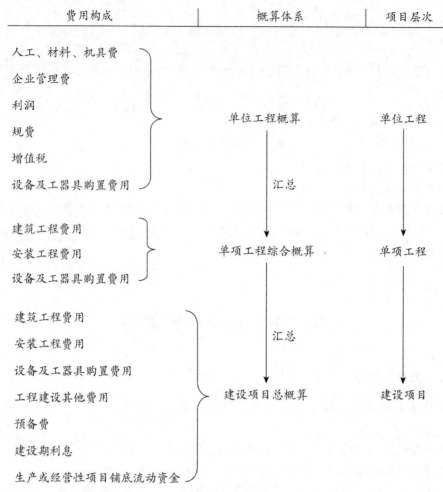

图 5-3-1 三级概算的构成

（一）单位工程概算

单位工程是指具备独立施工条件并能形成独立使用功能的工程。它是单项工程的组成部分。

单位工程概算分为建筑工程概算、设备及安装工程概算，见表 5-3-1。

表 5-3-1 单位工程概算类别

概算类别	内容
单位建筑工程概算	土建工程概算，给排水与采暖工程概算，通风与空调工程概算，动力与照明工程概算，弱电工程概算，特殊构筑物工程概算等
单位设备及安装工程概算	机械设备及安装工程概算，电气设备及安装工程概算，热力设备及安装工程概算，工具、器具及生产家具购置费概算等

（二）单项工程概算

单项工程是指具有独立的设计文件、建成后可以独立发挥生产能力、投资效益的一组配套齐全的工程项目。它是建设项目的组成部分。如生产车间、办公楼、食堂、图书馆、学生宿舍、住宅楼、配水厂等。

单项工程概算是确定一个单项工程费用的文件，是总概算的组成部分，一般只包括单项工程的工程费用，见图 5-3-2。

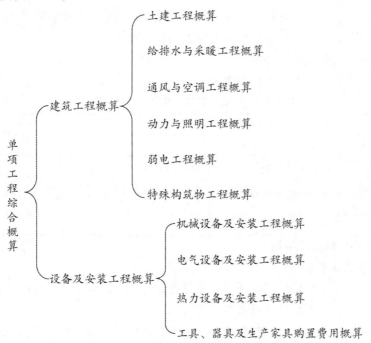

图 5-3-2　单项工程综合概算的组成

（三）建设项目总概算

建设项目总概算是确定建设项目的全部建设费用的总文件，是以初步设计文件为依据，在单项工程综合概算的基础上进行计算。它是由各单项工程综合概算、工程建设其他费用概算、预备费和建设期利息概算汇总编制而成的。

一个建设项目若仅包括一个单项工程，则建设项目总概算书与单项工程综合概算书可合并编制。

四、设计概算的编制方法

（一）单位工程概算的编制方法

单位工程概算，一般分建筑工程、设备及安装工程两大类。建筑及安装单位工程概算投资由人工费、材料费、施工机具使用费、企业管理费、利润、增值税组成。

1. 建筑单位工程概算编制方法

建筑单位工程概算编制方法见表 5-3-2。

表 5-3-2　建筑单位工程概算编制方法

方法	适用范围
概算定额法	（1）概算定额法适用于设计达到一定深度，建筑结构尺寸比较明确的项目 （2）这种方法编制出的概算精度较高，但是编制工作量大，需要大量的人力和物力
概算指标法	概算指标法的适用范围是设计深度不够，不能准确地计算出工程量，但工程设计技术比较成熟而又有类似工程概算指标可以利用
类似工程预算法	类似工程预算法是利用技术条件相类似工程的预算或结算资料，编制拟建单位工程概算的方法

2. 设备及安装单位工程概算的编制方法

设备及安装工程概算包括设备购置费概算和设备安装工程费概算两大部分。

（1）设备购置费概算。

根据初步设计的设备清单计算出设备原价，并汇总求出设备总原价，然后按有关规定的设备运杂费率乘以设备总原价，两项相加即为设备购置费概算。

（2）设备安装工程费概算的编制方法。

设备安装工程费概算的编制方法见表5-3-3。

表 5-3-3 设备安装工程费概算的编制方法

编制方法	适用条件	概算精度
预算单价法	初步设计有详细设备清单	精度高
扩大单价法	设备清单不完备，仅有设备重量等	精度一般
设备价值百分比法（安装设备百分比法）	当设计深度不够，只有设备出厂价而无详细规格、重量时	精度最低
综合吨位指标法	当设计文件提供的设备清单有规格和设备重量时	—

（二）建设项目总概算的编制方法

1. 建设项目总概算的含义

总概算是确定一个完整建设工程项目概算总投资的文件，是在设计阶段对建设项目投资总额的概算，是设计概算的汇总性造价文件。

通常来说，一个完整的建设项目应按三级编制设计概算，即：单位工程概算—单项工程综合概算—建设项目总概算。

当一个项目仅有一个单项工程项目时，可直接编制总概算，即按二级编制设计概算（即：单位工程概算—单项工程总概算），不需要编制综合概算。

2. 建设项目总概算的内容

总概算文件应包括：编制说明、总概算表、各单项工程综合概算书、工程建设其他费用概算表、主要建筑安装材料汇总表。

五、设计概算的审查

（一）设计概算的审查内容

（1）编制依据的合法性。

（2）编制依据的时效性。

（3）编制依据的适用范围。

（二）设计概算的审查方法

设计概算的审查方法见表5-3-4。

表 5-3-4 设计概算的审查方法

方法	特点及适用条件
对比分析法	通过对比分析容易发现设计概算存在的主要问题和偏差
查询核实法	对一些关键设备和设施、重要装置、引进工程图纸不全、难以核算的较大投资进行多方查询核对，逐项落实的方法
联合会审法	由有关单位和专家进行联合会审

六、设计概算的调整

批准后的设计概算一般不得调整。仅以下原因引起的设计和投资变化可以调整概算，但要严格按照调整概算的有关程序执行：

（1）超出原设计范围的重大变更。

（2）超出基本预备费规定范围，不可抗拒的重大自然灾害引起的工程变动或费用增加。

（3）超出工程造价调整预备费，属国家重大政策性变动因素引起的调整。

典型例题

［**例题 1·单选**］单位工程概算按工程性质可分为（　　）。

A. 建筑工程概算和设备及安装工程概算

B. 建筑工程概算和装饰工程概算

C. 设备安装概算和预备费用概算

D. 工程其他费用概算和预备费用概算

［**解析**］单位工程概算分为建筑工程概算、设备及安装工程概算。

［**答案**］A

［**例题 2·单选**］三级概算编制时的组成内容不包括（　　）。

A. 建设项目总概算

B. 分部分项工程概算

C. 单位工程概算

D. 单项工程综合概算

［**解析**］三级概算包括：建设项目总概算、单项工程综合概算、单位工程概算。

［**答案**］B

［**例题 3·单选**］当建设项目为一个单项工程时，其设计概算应采用的编制形式是（　　）。

A. 单位工程概算、单项工程综合概算和建设项目总概算二级

B. 单位工程概算和单项工程综合概算二级

C. 单项工程综合概算和建设项目总概算二级

D. 单位工程概算和建设项目总概算二级

［**解析**］设计概算文件的编制应采用单位工程概算、单项工程综合概算、建设项目总概算三级概算编制形式。当建设项目为一个单项工程时，可采用单位工程概算、总概算两级概算编制形式。

［**答案**］D

［**例题 4·单选**］某建筑工程的设计概算造价组成见表 5-3-5，求得该土建工程概算造价为（　　）万元。

表 5-3-5　某建筑工程的设计概算造价

名称	人工费/万元	材料费/万元	机具费/万元	管理费、利润/万元	增值税
金额及费率	800	3450	1600	750	10%

A. 6601.1
B. 6876.0
C. 7260.0
D. 7326.0

［**解析**］建筑及安装单位工程概算投资由人工费、材料费、施工机具使用费、企业管理费、利润、增值税组成。概算造价＝（800＋3450＋1600＋750）×（1＋10%）＝7260（万元）。

［**答案**］C

[例题5·单选] 单位建筑工程概算的主要编制方法有（   ）。

A. 生产能力指数法、系数法、造价指标法

B. 概算定额法、设备价值百分比法、类似工程预算法

C. 概算定额法、概算指标法、类似工程预算法

D. 预算单价法、概算指标法、设备价值百分比法

[解析] 建筑单位工程概算编制方法：概算定额法、概算指标法、类似工程预算法。

[答案] C

[例题6·单选] 当初步设计深度不够，设备清单不完备，只有主体设备或仅有成套设备重量时，可采用（   ）编制设备安装工程概算。

A. 概算指标法

B. 类似工程预算法

C. 预算单价法

D. 扩大单价法

[解析] 当初步设计深度不够，设备清单不完备，只有主体设备或仅有成套设备重量时，可采用主体设备、成套设备的综合扩大安装单价来编制概算。

[答案] D

[例题7·单选] 设计概算审查时，对图纸不全的复杂建筑安装工程投资，通过向同类工程的建设，施工企业征求意见判断其合理性，这种审查方法属于（   ）。

A. 对比分析法

B. 专家意见法

C. 查询核实法

D. 联合会审法

[解析] 查询核实法是对一些关键设备和设施、重要装置、引进工程图纸不全、难以核算的较大投资进行多方查询核对，逐项落实的方法。

[答案] C

[例题8·多选] 设计概算的主要作用有（   ）。

A. 确定和控制建设投资的依据

B. 签订建设工程承发包合同的依据

C. 考核和评价工程建设项目成本和投资效果的依据

D. 工程竣工结算的依据

E. 控制施工图预算和施工图设计的依据

[解析] 设计概算的作用：①设计概算是考核建设项目投资效果的依据。②设计概算是编制固定资产投资计划，确定和控制建设项目投资的依据。国家规定，确定计划投资总额及其构成数额，要以批准的初步设计概算为依据。③设计概算是控制施工图设计和施工图预算的依据。④设计概算是衡量设计方案技术经济合理性和进行设计方案选择的依据。⑤设计概算是编制招标控制价（标底）和投标报价的依据。⑥设计概算是交易阶段签订工程施工合同和贷款合同的依据。

[答案] ABCE

[例题 9·多选] 某建设项目由厂房、办公楼、宿舍等单项工程组成，则单项工程综合概算中的内容有（　　）。

A. 机械设备及安装工程概算

B. 电气设备及安装工程概算

C. 工程建设其他费用概算

D. 特殊构筑物工程概算

E. 流动资金概算

[解析] 单项工程概算包括单位建筑工程概算和单位设备及安装工程概算。单位建筑工程概算内容包括：土建工程概算，给排水与采暖工程概算，通风与空调工程概算，动力与照明工程概算，弱电工程概算，特殊构筑物工程概算等。单位设备及安装工程概算内容包括：机械设备及安装工程概算，电气设备及安装工程概算，热力设备及安装工程概算，工具、器具及生产家具购置费概算等。

[答案] ABD

第四节　施工图预算编制

一、施工图预算的概念

施工图预算是指根据施工图、预算定额、各项取费标准、建设地区的自然及技术经济条件等资料编制的建筑安装工程预算造价文件。

施工图预算是以施工图设计文件为依据，根据预算定额，按照相应的取费标准、规定的程序、方法和依据，在工程施工前对工程项目的工程费用进行的预测的造价文件，即施工图预算书。

二、施工图预算的作用

（一）施工图预算对建设单位的作用

（1）施工图预算是设计阶段控制工程造价的重要依据，是控制工程投资不突破设计概算的重要措施。

（2）施工图预算是资金合理使用的、控制工程造价依据。

（3）施工图预算是确定工程招标控制价（标底）的依据。

（4）施工图预算是确定合同价款、拨付工程进度款及办理工程结算的依据。

（二）施工图预算对施工单位的作用

（1）施工图预算是施工单位投标报价的基础。

（2）施工图预算是施工单位工程预算包干的依据和签订施工合同的主要内容。

（3）施工图预算是施工单位安排调配施工力量、组织材料设备供应的依据。

（4）施工图预算是施工单位控制工程成本的依据。

（5）施工图预算是施工单位进行"两算"对比的依据。

三、施工图预算编制内容

施工图预算分为单位工程施工图预算、单项工程施工图预算和建设项目总预算。

单位工程预算包括建筑工程预算和设备安装工程预算。

四、施工图预算的编制方法

施工图预算的编制方法见表 5-4-1。

表 5-4-1　施工图预算的编制方法

编制方法	内容
工料单价法	预算单价法
	实物量法： (1) 实物量法的优点是能比较及时地将反映各种人工、材料、机械的当时当地市场单价计入预算价格，不需调价，反映当时当地的工程价格水平 (2) 实物量法编制施工图预算的基本步骤如下： 1) 编制前的准备工作 2) 熟悉图纸等设计文件和预算定额 3) 了解施工组织设计和施工现场情况 4) 划分工程项目和计算工程量 5) 套用定额消耗量，计算人工、材料、机械台班消耗量 6) 计算并汇总单位工程的人工费、材料费和施工机具使用费 7) 计算其他费用，汇总工程造价
综合单价法	适应市场经济条件的工程量清单计价模式下的施工图预算编制方法

施工图预算是按照单位工程→单项工程→建设项目逐级编制和汇总的，因此，施工图预算编制的关键是在于单位工程施工图预算

五、施工图预算的文件组成

施工图预算文件应由封面、签署页及目录、编制说明、建设项目总预算表、其他费用计算表、单项工程综合预算表、单位工程预算表等组成。

六、施工图预算的审查

（一）审查施工图预算的意义

（1）防止预算超概算现象发生，有利于合理确定和有效控制工程造价。

（2）有利于合理使用建设资金，加强固定资产投资管理。

（3）因为施工图预算是编制招标限价、投标报价、签订工程承包合同价、结算合同价款的基础。因此，施工图预算的审查有利于施工承包合同价的合理确定和控制。

（4）有利于不断提高设计水平，积累和分析各项技术经济指标。

（二）施工图预算审查的内容

施工图预算审查内容：工程量的审查，设备、材料预算价格的审查，预算单价的套用，有关费用项目及其取值。

（三）施工图预算的审查方法

施工图预算的审查方法见表 5-4-2。

表 5-4-2　施工图预算的审查方法

审查方法	特点
全面审查法 又称逐项审查法	(1) 优点：全面、细致，经审查的工程预算差错比较少，质量比较高 (2) 缺点：工作量大 (3) 适用：一些工程量比较小、工艺比较简单的工程，编制工程预算的技术力量又比较薄弱的，采用全面审查的相对较多

续表

审查方法	特点
标准预算审查法	(1) 先集中力量，编制标准预算，以此为标准审查施工图预算 (2) 优点：时间短、效果好 (3) 缺点：只适用于按标准图纸设计的工程，适用范围小，具有局限性
分组计算审查法	(1) 一种加快审查工程量速度的方法，把预算中项目划分为若干组，并把相邻且有一定内在联系的项目编为一组，审查或计算同一组中某个分项工程量，利用工程量之间具有相同或相似计算基础的关系，判断同组中其他几个分项工程量计算的准确程度的方法 (2) 特点：审查速度快、工作量小
对比审查法	用已建工程的预算或虽未建成但已通过审查的工程预算，对比审查拟建工程预算的一种方法。这种方法一般适用于以下几种情况： (1) 拟建工程和已建工程采用同一套设计施工图，但基础部分及现场条件不同，则拟建工程除基础外的上部工程部分可采用与已建工程上部工程部分对比审查的方法。基础部分和现场条件不同部分采用其他方法进行审查 (2) 拟建工程和已建工程采用形式和标准相同的设计施工图，仅建筑面积规模不同 (3) 拟建工程和已建工程的面积规模、建筑标准相同，但部分工程内容设计不同时，可把相同的部分，如厂房中的柱子、房架、屋面、砖墙等，进行工程量的对比审查，因设计不同而不能直接对比的部分工程按图纸计算
筛选审查法	(1) "筛选"归纳为工程量、价格、用工三个单方基本指标 (2) 优点：简单易懂，便于掌握，审查速度和发现问题快，但解决差错、分析其原因需继续审查
重点抽查法	(1) 优点：重点突出，审查时间短、效果好 (2) 适用：工程结构复杂、工程量大或造价高的工程
利用手册审查法	(1) 按标准设计图纸或图集计算出工程量，套上单价，编制成预算手册，利用这些手册对新建工程进行对照审查 (2) 优点：可大大简化预算的审查工作量
分解对比审查法	将拟建工程按人工费、材料费、施工机具使用费与企业管理费等进行分解，然后再把人工费、材料费、施工机具使用费按工种和分部工程进行分解，分别与审定的标准预算进行对比分析

【典型例题】

［例题 1·单选］ 关于施工图预算的作用，下列说法中正确的是（　　）。

A. 施工图预算可以作为业主拨付工程进度款的基础

B. 施工图预算是工程造价管理部门制定招标控制价的依据

C. 施工图预算是业主方进行施工图预算与施工预算"两算"对比的依据

D. 施工图预算是施工单位安排建筑资金计划的依据

［解析］ 施工图预算的作用分为对投资方的作用、对施工企业的作用和对其他方面的作用三个方面。对于投资方来说，施工图预算可以作为确定合同价款、拨付工程进度款及办理工程结算的基础。

［答案］ A

［例题 2·单选］ 运用实物量法编制施工图预算的工作有：①计算其他费用，汇总工程造价；②划分工程项目和计算工程量；③套用定额消耗量，计算人工、材料、机械台班消耗量；④熟悉图纸等设计文件和预算定额；⑤计算并汇总单位工程的人工费、材料费和施工机具使用费。下列工作排序正确的是（　　）。

A. ④②⑤①③　　　　　　B. ④⑤①②③　　　　　　C. ②④⑤①③　　　　　　D. ④②③⑤①

[解析] 实物量法编制施工图预算的基本步骤如下：①编制前的准备工作；②熟悉图纸等设计文件和预算定额；③了解施工组织设计和施工现场情况；④划分工程项目和计算工程量；⑤套用定额消耗量，计算人工、材料、机械台班消耗量；⑥计算并汇总单位工程的人工费、材料费和施工机具使用费；⑦计算其他费用，汇总工程造价。

[答案] D

[例题3·单选] 当拟建工程与已完工程的建设条件和工程设计相同时，用已完工程的预算审查拟建工程的同类工程预算的方法是（　　）。

A. 对比审查法　　　　　　　　　　　　　　B. 标准预算审查法

C. 分组审查法　　　　　　　　　　　　　　D. 重点审查法

[解析] 对比审查法是当工程条件相同时，用已完工程的预算或未完但已经过审查修正的工程预算对比审查拟建工程的同类工程预算的一种方法。

[答案] A

[例题4·单选] 对于设计方案比较特殊，无同类工程可比，且审查精度要求高的施工图预算，适宜采用的审查方法是（　　）。

A. 全面审查法　　　　　　　　　　　　　　B. 标准预算审查法

C. 对比审查法　　　　　　　　　　　　　　D. 重点审查法

[解析] 全面审查法又称逐项审查法，即按定额顺序或施工顺序，对各项工程细目逐项全面详细审查的一种方法。其优点是全面、细致，审查质量高、效果好。

[答案] A

[例题5·单选] 施工图预算审查时，利用房屋建筑工程标准层建筑面积数对楼面找平层、天棚抹灰等工程量进行审查的方法，属于（　　）。

A. 分组计算审查法　　　　　　　　　　　　B. 重点审查法

C. 筛选审查法　　　　　　　　　　　　　　D. 对比审查法

[解析] 分组计算审查法就是把预算中有关项目按类别划分若干组，利用同组中的一组数据审查分项工程量的一种方法，如一般的建筑工程中将底层建筑面积可编为一组。先计算底层建筑面积或楼（地）面面积，从而得知楼面找平层、天棚抹灰的工程量等。

[答案] A

[例题6·单选] 施工图预算编制完成后，需要认真进行全面、系统的审查。施工图预算审查的主要内容不包括（　　）。

A. 审查材料代用是否合理　　　　　　　　　B. 审查设备、材料的预算价格

C. 审查工程量　　　　　　　　　　　　　　D. 审查预算单价的套用

[解析] 施工图预算审查的内容包括：工程量的审查，审查设备、材料的预算价格，审查预算单价的套用，审查有关费用项目及其取值。

[答案] A

[例题7·单选] 工程清单计价模式下的施工图预算编制方法是（　　）。[2020真题]

A. 工料单价法　　　　　　　　　　　　　　B. 综合单价法

C. 成本加酬金法　　　　　　　　　　　　　D. 定额计价法

[解析] 综合单价法是适应市场经济条件下的工程量清单计价模式下的施工图预算编制方法。

[答案] B

[例题8·多选] 施工图预算按建设项目组成分为（　　）。

A. 单位工程预算

B. 建设项目总预算

C. 分部工程预算

D. 单项工程预算

E. 分项工程预算

[解析] 施工图预算分为单位工程施工图预算、单项工程施工图预算和建设项目总预算。

[答案] ABD

[例题9·多选] 施工图预算审查的方法有（　　）等。

A. 全面审查法

B. 重点抽查法

C. 综合评分法

D. 筛选审查法

E. 分组计算审查法

[解析] 施工图预算审查方法较多，主要有全面审查法、标准预算审查法、分组计算审查法、对比审查法、筛选审查法、重点抽查法、利用手册审查法和分解对比审查法等多种。

[答案] ABDE

◆ 同步强化训练

一、单项选择题（每题的备选项中，只有1个最符合题意）

1. 某工程项目，建设期为2年，共向银行借款5000万元，其中第1年借入2000万元，第2年借入3000万元，年利率均为6%，借款在各年内均衡使用，建设期内只计息不付息，则建设期第2年应计利息为（　　）万元。

    A. 300.00   B. 273.60

    C. 213.60   D. 180.00

2. 可行性研究阶段的流动资金估算应采用（　　）。

    A. 生产能力指数法

    B. 扩大指标估算法

    C. 分项详细估算法

    D. 系数估算法

3. 不属于投资估算分析内容的是（　　）。

    A. 工程投资比例分析

    B. 分析设备购置费、建安工程费、工程建设其他费用、预备费占建设总投资的比例

    C. 与国际类似工程项目的比较，分析说明投资高低原因

    D. 分析影响投资的主要因素

4. 应用分项详细估算法估算项目流动资金时，流动资产的正确构成是（　　）。

    A. 应付账款＋预付账款＋存货＋年其他费用

    B. 应付账款＋应收账款＋存货＋现金

    C. 应收账款＋存货＋预收账款＋现金

    D. 预付账款＋现金＋应收账款＋存货

5. 按照国家有关规定，作为年度固定资产投资计划、计划投资总额及构成数额的编制和确定依据是（　　　）。

A. 经批准的投资估算

B. 经批准的设计概算

C. 经批准的施工图预算

D. 经批准的工程决算

6. 在审查设计概算时，对一些关键设备、设施、重要装置等难以核算的较大投资进行多方核对、逐项落实的审查方法是（　　　）。

A. 标准审核法

B. 查询核实法

C. 重点审核法

D. 联合审查

7. 关于项目决策和工程造价的关系，下列说法中正确的是（　　　）。

A. 工程造价的正确性是项目决策合理性的前提

B. 项目决策的内容是决定工程造价的基础

C. 投资估算的深度影响项目决策的精确度

D. 投资决策阶段对工程造价的影响程度不大

8. 投资决策阶段的产出对总投资影响，对项目使用功能的影响在（　　　）。

A. 50%～70%

B. 70%～80%

C. 70%

D. 75%～90%

9. 项目建设规模的影响因素不包括（　　　）。

A. 市场因素

B. 技术因素

C. 工艺流程

D. 环境因素

10. 确定项目生产规模的前提是（　　　）。

A. 原材料市场、资金市场、劳动力市场状况

B. 项目产品的市场需求状况

C. 市场价格分析

D. 市场风险分析

11. 在决策阶段影响工程造价的主要因素中，决定项目建设规模的环境因素包括（　　　）。

A. 燃料动力供应

B. 原材料供应

C. 资金供应

D. 劳动力供应

12. 在确定项目建设规模时，需考虑的市场因素包括（　　　）。

A. 燃料动力供应

B. 原材料市场

C. 产业政策

D. 运输及通讯条件

13. 可行性研究阶段投资估算的要求为：误差控制在（　　）以内。

    A. ±5%
                    B. ±10%

    C. ±15%
                    D. ±20%

14. 采用实物量法编制施工图预算时，在按人工、材料、机械台班的市场价计算人、材、机费用之后，下一步骤是（　　）。

    A. 进行工料分析

    B. 计算其他费用，汇总工程造价

    C. 计算工程量

    D. 编写编制说明

15. 建设工程施工图预算包括（　　）三个层级。

    A. 单位工程预算、单位工程综合预算、类似工程预算

    B. 单位工程预算、类似工程预算、建设项目总预算

    C. 单位工程施工图预算、单项工程施工图预算、建设项目总预算

    D. 单位工程综合预算、类似工程预算、建设项目总预算

16. 拟建工程与在建工程预算采用同一施工图，但二者基础部分和现场施工条件不同，审查拟建工程施工图预算时，为提高效率，对其与在建工程相同部分宜采用的方法是（　　）。

    A. 全面审查法

    B. 分组计算审查法

    C. 对比审查法

    D. 标准预算审查法

17. 审查精度高、效果好，但工作量大、时间较长的施工图预算审查方法是（　　）。

    A. 重点审查法

    B. 对比审查法

    C. 筛选审查法

    D. 逐项审查法

18. 投资估算的编制方法中，以拟建项目的主体工程费为基数，以其他工程费与主体工程费的百分比为系数，估算拟建项目静态投资的方法是（　　）。

    A. 单位生产能力估算法

    B. 生产能力指数法

    C. 系数估算法

    D. 比例估算法

19. 对采用通用图纸的多个工程施工图预算进行审查时，为节省时间，宜采用的审查方法是（　　）。

    A. 全面审查法

    B. 筛选审查法

    C. 标准预算审查法

    D. 对比审查法

20. 某建设项目静态投资 20000 万元，项目建设前期年限为 1 年，建设期为 2 年，计划每年完

成投资 50%，年均投资价格上涨率为 5%，该项目建设期价差预备费为（ ）万元。

A. 1006.25   B. 1525.00

C. 2056.56   D. 2601.25

21. 关于建筑设计对民用住宅项目工程造价的影响，下列说法中正确的是（ ）。

    A. 加大住宅宽度，不利于降低单方造价

    B. 降低住宅层高，有利于降低单方造价

    C. 结构面积系数越大，越有利于降低单方造价

    D. 住宅层数越多，越有利于降低单方造价

22. 关于多层民用住宅工程造价与其影响因素的关系，下列说法中正确的是（ ）。

    A. 层数增加，单位造价降低

    B. 层高增加，单位造价降低

    C. 建筑物周长系数越低，造价越低

    D. 宽度增加，单位造价上升

23. 关于设计概算的作用，下列说法正确的是（ ）。

    A. 设计概算是确定建设规模的依据

    B. 设计概算是编制固定资产投资计划的依据

    C. 政府投资项目设计概算经批准后，不得进行调整

    D. 设计概算不应作为签订贷款合同的依据

24. 单位工程概算按其工作性质可分为单位建设概算和单位设备及安装工程概算两类，下列属于单位设备及安装工程概算的是（ ）。

    A. 通风空调工程概算

    B. 工器具及生产家具购置费概算

    C. 电气照明工程概算

    D. 弱电工程概算

25. 某拟建工程初步设计已达到必要的深度，能够据此计算出扩大分项工程的工程量，则能较为准确地编制拟建工程概算的方法是（ ）。

    A. 概算指标法

    B. 类似工程预算法

    C. 概算定额法

    D. 综合吨位指标法

26. 在建筑工程初步设计文件深度不够、不能准确计算出工程量的情况下，可采用的设计概算编制方法是（ ）。

    A. 概算定额法

    B. 概算指标法

    C. 预算单价法

    D. 综合吨位指标法

27. 当初步设计深度有详细的设备清单时，最能精确的编制设备安装工程费概算的方法是（ ）。

    A. 预算单价法

    B. 扩大单价法

    C. 设备价值百分比法

D. 综合吨位指标法

28. 施工图预算的二级预算编制形式是指（　　　）。

A. 编制人编制、审核人审核

B. 建筑安装工程预算，设备工器具购置费预算

C. 单位工程预算、建设项目总预算

D. 单项工程综合预算、建设项目总预算

29. 关于设计概算的编制，下列计算式正确的是（　　　）。

A. 单位工程概算＝人工费＋材料费＋施工机具使用费＋企业管理费＋利润

B. 单项工程综合概算＝建筑工程费＋安装工程费＋设备及工器具购置费

C. 单项工程综合概算＝建筑工程费＋安装工程费＋设备及工器具购置费＋工程建设其他费用

D. 建设项目总概算＝各单项工程综合概算＋建设期利息＋预备费

30. 当初步设计深度不够，只有设备出厂价而无详细规格、重量时，编制设备安装工程费概算可选用的方法是（　　　）。

A. 设备价值百分比法

B. 设备系数法

C. 综合吨位指标法

D. 预算单价法

二、**多项选择题**（每题的备选项中，有2个或2个以上符合题意，至少有1个错项）

1. 关于施工图预算对投资方的作用，下列说法中正确的有（　　　）。

A. 控制施工图设计不突破设计概算的重要措施

B. 控制造价及资金合理使用的依据

C. 投标报价的基础

D. 与施工预算进行"两算"对比的依据

E. 调配施工力量、组织材料供应的依据

2. 单项工程投资估算表，应按建设项目划分的各个单项工程分别计算组成工程费用的（　　　）。

A. 建筑工程费

B. 设备购置费

C. 工程建设其他费用

D. 安装工程费

E. 估算基本预备费

3. 设计概算审查的内容包括（　　　）。

A. 审查编制依据的合法性

B. 审查编制依据的可靠性

C. 审查编制依据的时效性

D. 审查编制依据的来源

E. 审查编制依据的适用范围

4. 属于设计概算审查的方法的有（　　　）。

A. 全面审查法

B. 联合会审法

C. 查询核算法

D. 对比分析法

E. 分解审查法

5. 属于引起设计和投资变化的原因，需要对设计概算进行调整的有（　　　）。

   A. 设计定员发生变动

   B. 主要设备型号和规格发生变动

   C. 贷款利息率的提高

   D. 超出基本预备费规定的范围

   E. 超出工程造价调整预备费

6. 在确定项目建设规模时，需要考虑的因素中属于政策因素有（　　　）。

   A. 国家经济发展规划

   B. 产业政策

   C. 生产协作条件

   D. 地区经济发展规划

   E. 技术经济政策

7. 属于在工程项目决策阶段影响造价的主要因素的有（　　　）。

   A. 技术方案

   B. 经济因素

   C. 设备方案

   D. 环境保护措施

   E. 人才因素

8. 下列估算方法中，不属于可行性研究阶段投资估算的方法的有（　　　）。

   A. 生产能力指数

   B. 比例估算法

   C. 系数估算法

   D. 指标估算法

   E. 混合法

9. 在投资估算的指标估算法中，下列方法中属于单位建筑工程投资估算法的有（　　　）。

   A. 单位长度价格法

   B. 单位面积价格法

   C. 单位功能价格法

   D. 单位实物工程量价格法

   E. 单位容积价格法

10. 属于建筑工程概算编制方法的有（　　　）。

    A. 设备价值百分比法

    B. 概算定额法

    C. 综合吨位指标法

    D. 概算指标法

    E. 类似工程预算法

11. 施工图预算对投资方、施工企业都具有十分重要的作用。下列选项中属于施工图预算对施工企业作用的有（　　）。

A. 确定合同价款的依据

B. 控制资金合理使用的依据

C. 控制工程施工成本的依据

D. 调配施工力量的依据

E. 办理工程结算的依据

12. 在确定项目建设规模时，需考虑的技术因素包括（　　）。

A. 劳动力水平

B. 生产技术水平

C. 管理水平

D. 市场价格水平

E. 市场风险水平

13. 分项详细估算法中，流动资产包括（　　）。

A. 应收账款

B. 应付账款

C. 预付账款

D. 存货

E. 现金

>>> 参考答案及解析 <<<

一、单项选择题

1. ［答案］C

［解析］第一年应计利息＝1/2×2000×6％＝60（万元）；第二年应计利息＝（2000＋60＋1/2×3000）×6％＝213.6（万元）。

2. ［答案］C

［解析］流动资金的估算可采用分项详细估算法和扩大指标估算法。可行性研究阶段的流动资金估算应采用分项详细估算法。

3. ［答案］C

［解析］投资估算分析应包括以下内容：①工程投资比例分析。②分析设备购置费、建筑工程费、安装工程费、工程建设其他费用、预备费占建设总投资的比例；分析引进设备费用占全部设备费用的比例等。③分析影响投资的主要因素。④与国内类似工程项目的比较，分析说明投资高低原因。

4. ［答案］D

［解析］流动资产＝应收账款＋预付账款＋存货＋库存现金、流动负债＝应付账款＋预收账款。

5. ［答案］B

［解析］设计概算是编制固定资产投资计划、确定和控制建设项目投资的依据。设计概算投资应包括建设项目从立项、可行性研究、设计、施工、试运行到竣工验收等的全部建设资金。按照国家有关规定，编制年度固定资产投资计划，确定计划投资总额及其构成数额，要以批准的初步设计概算为依据，没有批准的初步设计文件及其概算，建设工程不能列入年度固定资产投资计划。

6. ［答案］B

［解析］查询核实法是对一些关键设备和设施、重要装置、引进工程图纸不全、难以核算的较大投资进行多方查询核对，逐项落实的方法。

7. ［答案］B

［解析］项目决策与工程造价的关系：①项目可行性研究结论的正确性是工程造价合理性的前提。②项目可行性研究的内容是决定工程造价的基础。③工程造价高低、投资多少也影响可行性研究结论。④可行性研究的

深度影响投资估算的精确度，也影响工程造价的控制效果。

8. ［答案］B

［解析］工程决策阶段的产出是决策结果，是对投资活动的成果目标（使用功能）、基本实施方案和主要投人要素做出总体策划。这个阶段的产出对总投资影响，一般工业建设项目的经验数据为 60%～70%，对项目使用功能的影响在 70%～80%。这表明项目决策阶段对项目投资和使用功能具有决定性的影响。

9. ［答案］C

［解析］项目规模的合理选择关系着项目的成败，决定着工程造价合理与否，其制约因素有：市场因素、技术因素、环境因素。

10. ［答案］B

［解析］项目产品的市场需求状况是确定项目生产规模的前提。

11. ［答案］A

［解析］项目规模确定中需考虑的主要环境因素有：燃料动力供应，协作及土地条件，运输及通信条件等因素。

12. ［答案］B

［解析］燃料动力供应、产业政策、运输及通讯条件均属于依靠投资者的个人努力无法改变的因素，因此属于环境因素。原材料市场、资金市场、劳动力市场等对建设规模的选择起着不同程度的制约作用。

13. ［答案］B

［解析］投资决策是一个由浅入深、不断深化的过程，不同阶段决策的深度不同，投资估算的精度也不同。如在投资机会和项目建议书阶段，投资估算的误差率在±30%左右；而在详细可行性研究阶段，误差率在±10%以内。

14. ［答案］B

［解析］实物量法编制施工图预算的基本步骤如下：①编制前的准备工作；②熟悉图纸等设计文件和预算定额；③了解施工组织设计和施工现场情况；④划分工程项目和计算工程量；⑤套用定额消耗量，计算

人工、材料、机械台班消耗量；⑥计算并汇总单位工程的人工费、材料费和施工机具使用费；⑦计算其他费用，汇总工程造价。

15. ［答案］C

［解析］施工图预算分为单位工程施工图预算、单项工程施工图预算和建设项目总预算。施工图预算是按照单位工程—单项工程—建设项目逐级编制和汇总而成。

16. ［答案］C

［解析］对比审查法是当工程条件相同时，用已完工程的预算或未完但已经过审查修正的工程预算对比审查拟建工程的同类工程预算的一种方法。

17. ［答案］D

［解析］全面审查法又称逐项审查法，即按定额顺序或施工顺序，对各项工程细目逐项全面详细审查的一种方法。其优点是全面、细致，审查质量高、效果好。缺点是工作量大，时间较长。这种方法适合于一些工程量较小、工艺比较简单的工程。

18. ［答案］C

［解析］系数估算法也称为因子估算法，它是以拟建项目的主体工程费或主要设备购置费为基数，以其他工程费与主体工程费或设备购置费的百分比为系数，依此估算拟建项目静态投资的方法。

19. ［答案］C

［解析］标准预算审查法就是对利用标准图纸或通用图纸施工的工程，先集中力量编制标准预算，以此为准来审查工程预算的一种方法。该方法的优点是时间短、效果好、易定案。其缺点是适用范围小，仅适用于采用标准图纸的工程。

20. ［答案］C

［解析］第一年价差预备费＝10000×［（1＋5%）×（1＋5%）$^{0.5}$－1］＝759.30（万元），第二年的价差预备费＝10000×［（1＋5%）×（1＋5%）$^{0.5}$×（1＋5%）－1］＝1297.26（万元），价差费合计＝759.30＋1297.26＝2056.56（万元）。

21. [答案] B

[解析] 加大住宅宽度，墙体面积系数相应减少，有利于降低造价，选项A错误。结构面积系数越小，越有利于降低单方造价，选项C错误。当住宅层数超过一定限度时，要经受较强的风力荷载，需要提高结构强度，改变结构形式，工程造价将大幅度上升，选项D错误。

22. [答案] C

[解析] 建筑周长系数 k 是指建筑物周长与建筑面积比，即单位建筑面积所占外墙长度，通常情况下建筑周长系数越低，设计越经济。

23. [答案] B

[解析] 设计概算的作用：①设计概算是考核建设项目投资效果的依据。②设计概算是编制固定资产投资计划，确定和控制建设项目投资的依据。国家规定，确定计划投资总额及其构成数额，要以批准的初步设计概算为依据。③设计概算是控制施工图设计和施工图预算的依据。④设计概算是衡量设计方案技术经济合理性和进行设计方案选择的依据。⑤设计概算是编制招标控制价（标底）和投标报价的依据。⑥设计概算是交易阶段签订工程施工合同和贷款合同的依据。

24. [答案] B

[解析] 设备及安装工程概算包括机械设备及安装工程概算，电气设备及安装工程概算，热力设备及安装工程概算，工器具及生产家具购置费概算。

25. [答案] C

[解析] 概算定额法又称扩大单价法或扩大结构定额法，是套用概算定额编制建筑工程概算的方法。运用概算定额法，要求初步设计必须达到一定深度，建筑结构尺寸比较明确，能按照初步设计的平面图、立面图、剖面图纸计算出楼地面、墙身、门窗和屋面等扩大分项工程（或扩大结构构件）项目的工程量时，方可采用。

26. [答案] B

[解析] 概算指标法的适用范围是设计深度不够，不能准确地计算出工程量，但工程设计技术比较成熟而又有类似工程概算指标可以利用。

27. [答案] A

[解析] 预算单价法的适用范围：当初步设计较深，有详细的设备和具体满足预算定额工程量清单时，可直接按工程预算定额单价编制安装工程概算，或者对于分部分项组成简单的单位工程也可采用工程预算定额单价编制概算，编制程序基本同于施工图预算编制。该方法具有计算比较具体、精确性较高的优点。

28. [答案] C

[解析] 二级预算编制形式由建设项目总预算和单位工程预算组成。

29. [答案] B

[解析] 单位工程概算＝分部分项工程费＋措施项目费，选项A错误；单项工程综合概算＝建筑工程费＋安装工程费＋设备及工器具购置费，选项C错误；建设项目总概算＝各单项工程综合概算＋工程建设其他费＋建设期利息＋预备费＋铺底流动资金，选项D错误。

30. [答案] A

[解析] 设备价值百分比法，又叫安装设备百分比法。当初步设计深度不够，只有设备出厂价而无详细规格、重量时，安装费可按占设备费的百分比计算。

二、多项选择题

1. [答案] AB

[解析] 施工图预算对建设单位的作用：①施工图预算是设计阶段控制工程造价的重要依据，是控制工程投资不突破设计概算的重要措施；②施工图预算是资金合理使用的、控制工程造价依据；③施工图预算是确定工程招标控制价（标底）的依据；④施工图预算是确定合同价款、拨付工程进度款及办理工程结算的依据。

2. [答案] ABD

[解析] 单项工程投资估算应按建设项目划

分的各个单项工程分别计算组成工程费用的建筑工程费、设备购置费、安装工程费。

3. [答案] ACE

[解析] 审查设计概算的编制依据时，重点审查编制依据：审查编制依据的合法性，审查编制依据的时效性，审查编制依据的适用范围。

4. [答案] BCD

[解析] 审查设计概算方法的有：对比分析法、查询核实法、联合会审法。

5. [答案] ABD

[解析] 凡涉及建设规模、产品方案、总平面布置、主要工艺流程、主要设备型号规格、建筑面积、设计定员等方面的修改，必须由原批准立项单位认可，原设计审批单位复审，经复核批准后方可变更。超出工程造价调整预备费，属国家重大政策性变动因素引起的调整。

6. [答案] ABDE

[解析] 政策因素包括产业政策、投资政策、技术经济政策以及国家、地区及行业经济发展规划等。

7. [答案] ACD

[解析] 工程决策阶段影响造价的主要因素有：项目建设规模、建设地区及地点（厂址）、技术方案、设备方案、工程方案和环境保护措施等。

8. [答案] ABCE

[解析] 在项目建议书阶段，投资估算的精度较低，可采取简单的匡算法，如生产能力指数法、系数估算法、比例估算法或混合法等，在条件允许时，也可采用指标估算法；在可行性研究阶段，投资估算精度要求高，需采用相对详细的投资估算方法，即指标估算法。

9. [答案] ABCE

[解析] 单位建筑工程投资估算法是以单位建筑工程费用乘以建筑工程总量来估算建筑工程费的方法。根据所选建筑单位的不同，这种方法可以进一步分为单位长度价格法、单位面积价格法、单位容积价格法和单位功能价格法等。

10. [答案] BDE

[解析] 总体而言，单位工程概算包括单位建筑工程概算和单位设备及安装工程概算两类。其中，建筑工程概算的编制方法有：概算定额法、概算指标法、类似工程预算法等；设备及安装工程概算的编制方法有：预算单价法、扩大单价法、设备价值百分比法和综合吨位指标法等。

11. [答案] CD

[解析] 施工图预算对施工方的作用：①施工图预算是投标报价的基础；②施工图预算是建筑工程预算包干的依据和签订施工合同的主要内容；③施工图预算是安排调配施工力量、组织材料设备供应的依据；④施工图预算是控制工程成本的依据；⑤施工图预算是进行"两算"对比的依据。

12. [答案] BC

[解析] 先进适用的生产技术及技术装备是项目规模效益赖以存在的基础，而相应的管理技术水平则是实现规模效益的保证。若与经济规模生产相适应的先进技术及其装备的来源没有保障，或获取技术的成本过高，或管理水平跟不上，则不仅达不到预期的规模效益，还会给项目的生存和发展带来危机，导致项目投资效益低下、工程造价支出严重浪费。

13. [答案] ACDE

[解析] 流动资产＝应收账款＋预付账款＋存货＋现金。

第六章 工程施工招投标阶段造价管理

　　本章主要讲述的是工程项目在招投标阶段造价管理的内容。内容涉及施工招标的程序、方式、招投标文件的组成、施工合同的相关内容以及工程量清单和最高投标限价等相关招投标阶段的相关内容的编制的内容。

　　本章考核内容并不难，但记忆型的内容较多。关于考核的内容、形式相对固定，考生可以通过相关题目的训练理解本考点的具体内容。

■ 知识脉络

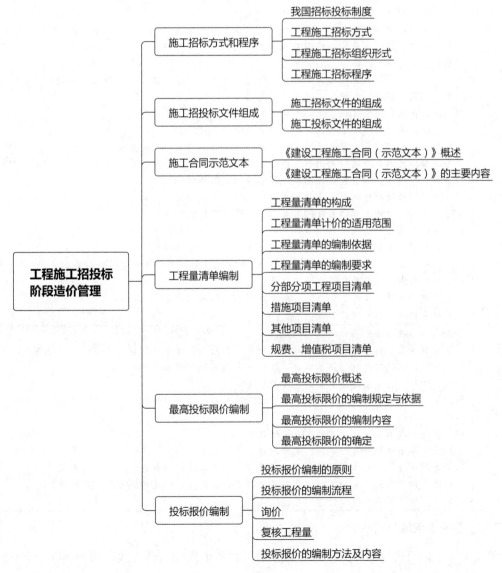

第一节　施工招标方式和程序

一、我国招标投标制度

根据《招标投标法》的规定，国家发展和改革委员会于 2018 年 3 月发布了《必须招标的工程项目规定》（发改委第 16 号令）的规定，属于必须招标项目的具体范围和规模标准见表 6-1-1；根据《招标投标法》，可不进行招标的项目见表 6-1-1。

表 6-1-1　招标项目的建设工程范围和规模

类型	内容
必须招标项目的范围和规模	(1) 全部或者部分使用国有资金投资或者国家融资的项目包括： 1) 使用预算资金 200 万元人民币以上，并且该资金占投资额 10% 以上的项目 2) 使用国有企业事业单位资金，并且该资金占控股或者主导地位的项目 (2) 使用国际组织或者外国政府贷款、援助资金的项目包括： 1) 使用世界银行、亚洲开发银行等国际组织贷款、援助资金的项目 2) 使用外国政府及其机构贷款、援助资金的项目 (3) 不属于以上规定情形的大型基础设施、公用事业等关系社会公共利益、公众安全的项目，必须招标的具体范围由国务院发展改革部门会同国务院有关部门按照确有必要、严格限定的原则制定，报国务院批准 (4) 以上规定范围内的项目，其勘察、设计、施工、监理以及与工程建设有关的重要设备、材料等的采购达到下列标准之一的，必须招标： 1) 施工单项合同估算价在 400 万元人民币以上 2) 重要设备、材料等货物的采购，单项合同估算价在 200 万元人民币以上 3) 勘察、设计、监理等服务的采购，单项合同估算价在 100 万元人民币以上 同一项目中可以合并进行的勘察、设计、施工、监理以及与工程建设有关的重要设备、材料等的采购，合同估算价合计达到前款规定标准的，必须招标 (5) 根据《必须招标的基础设施和公用事业项目范围规定》（发改法规〔2018〕843 号），不属于《必须招标的工程项目规定》第二条、第三条规定情形的大型基础设施、公用事业等关系社会公共利益、公众安全的项目，必须招标的具体范围包括： 1) 煤炭、石油、天然气、电力、新能源等能源基础设施项目 2) 铁路、公路、管道、水运，以及公共航空和 A1 级通用机场等交通运输基础设施项目 3) 电信枢纽、通信信息网络等通信基础设施项目 4) 防洪、灌溉、排涝、引（供）水等水利基础设施项目 5) 城市轨道交通等城建项目
可不进行招标的项目	根据《招标投标法》第六十六条的规定： 涉及国家安全、国家秘密、抢险救灾或者属于利用扶贫资金实行以工代赈、需要使用农民工等特殊情况，不适宜进行招标的项目，按照国家有关规定可以不进行招标 根据《招标投标法实施条例》第九条的规定： 除《招标投标法》第六十六条规定的可以不进行招标的特殊情况外，有下列情形之一的，可以不进行招标： (1) 需要采用不可替代的专利或者专有技术 (2) 采购人依法能够自行建设、生产或者提供 (3) 已通过招标方式选定的特许经营项目投资人依法能够自行建设、生产或者提供 (4) 需要向原中标人采购工程、货物或者服务，否则将影响施工或者功能配套要求 (5) 国家规定的其他特殊情形

二、工程施工招标方式

《招标投标法》明确规定，招标分为公开招标和邀请招标两种方式。两种招标方式优缺点见表 6-1-2。

表 6-1-2　工程施工招标方式及优缺点

招标方式	优缺点
公开招标	优点：招标人可以在较大的范围内最大限度地选择承包商，竞争性更强，择优率更高，易于获得有竞争力的投标报价，同时，也可以在较大程度上避免招标过程中的贿标行为
	缺点：由于招标人众多，因此准备招标、对申请者进行资格预审和评标的工作量大，招标时间长、成本高；同时，若招标人对投标人资格条件的设置不当，可能会导致投标人之间的差异大，增加评标难度，甚至出现恶意低价竞争行为；招标人和投标人之间可能缺乏互信，增大合同履约风险
邀请招标	优点：不发布招标公告和资格预审，简化了招标程序，因而所需时间较短，工作量小，节约了招标成本。同时由于邀请招标更具有针对性，因此招标人对投标人比较了解，从而减少了合同履约过程中承包商违约的风险
	缺点：邀请招标的投标竞争激烈程度差，不利于招标单位获得最优报价，取得最佳投资收益。同时投标人选择邀请人前所掌握的信息可能存在一定的局限性，因此，可能会忽略一些在技术、报价方面更具有竞争力的企业，因此可能使招标单位不易获得最合理的报价，找不到最合适的承包商

招标人采用公开招标方式的，应当发布招标公告

招标人采用邀请招标方式的，应当向三个以上具备承担招标项目的能力、资信良好的特定法人或者其他组织发出投标邀请书

三、工程施工招标组织形式

招标分为招标人自行组织招标和招标人委托招标代理机构代理招标两种组织形式。

四、工程施工招标程序

施工招标各阶段主要工作步骤见表 6-1-3。

表 6-1-3　施工招标各阶段主要工作步骤

阶段	主要工作步骤
招标准备	项目的招标条件准备
	招标审批手续办理
	组建招标组织
	策划招标方案
	发布招标公告（资格预审公告）或发出投标邀请
	编制标底或确定最高投标限价
	准备招标文件
资格审查与投标	发售资格预审文件（实行资格预审时）
	进行资格预审（实行资格预审时）
	发售招标文件
	现场踏勘、标前会议（必要时）
	投标文件的编制、递交和接收
开标评标与授标	开标
	评标
	授标

典型例题

[例题 1 · 单选] 可以不进行施工招标的工程项目是 (   )。[2020 真题]

A. 部分使用国家融资的项目　　　　　　　B. 使用国际组织援助资金的项目

C. 新能源基础设施项目　　　　　　　　　D. 抢险救灾项目

[解析] 依法必须进行施工招标的工程建设项目有下列情形之一的，可以不进行招标：①涉及国家安全、国家秘密、抢险救灾或者属于利用扶贫资金实行以工代赈需要使用农民工等特殊情况，不适宜进行招标；②施工主要技术采用不可替代的专利或者专有技术；③已通过招标方式选定的特许经营项目投资人依法能够自行建设；④采购人依法能够自行建设；⑤在建工程追加的附属小型工程或者主体加层工程，原中标人仍具备承包能力，并且其他人承担将影响施工或者功能配套要求；⑥国家规定的其他情形。

[答案] D

[例题 2 · 单选] 根据《招标投标法》，业主进行邀请招标时应当向 (   ) 家以上具备承担招标项目的能力、资信良好的特定法人或其他组织发出投标邀请书。

A. 2　　　　　　　　B. 3　　　　　　　　C. 4　　　　　　　　D. 5

[解析] 业主进行邀请招标时应当向三家以上具备承担招标项目的能力、资信良好的特定法人或其他组织发出投标邀请书。

[答案] B

[例题 3 · 单选] 根据《招标投标法》，下列各项中属于公开招标缺点的是 (   )。

A. 招标人可以在较广的范围内选择承包商

B. 投标竞争激烈，择优率更高

C. 准备招标、对投标申请者进行资格预审和评标的工作量大，招标时间长、费用高

D. 在较大程度上避免招标过程中的贿标行为

[解析] 公开招标的缺点：准备招标、对投标申请者进行资格预审和评标的工作量大，招标时间长、费用高；若招标人对投标人资格条件的设置不当，常导致投标人之间的差异大，导致评标困难，甚至出现恶意报价行为；招标人和投标人之间可能缺乏互信，增大合同履约风险。

[答案] C

[例题 4 · 多选] 根据《招标投标法》，在中华人民共和国境内，必须进行招标的工程建设项目有 (   )。

A. 大型基础设施、公用事业等社会公共利益、公共安全的项目

B. 全部或者部分使用国家资金投资或者国家融资的项目

C. 建设项目的勘察、设计，采用特定专利或者专有技术的项目

D. 建筑艺术造型有特殊要求的项目

E. 使用国际组织或者外国政府贷款、援助资金的项目

[解析] 必须招标项目的范围和规模标准：①全部或者部分使用国有资金投资或者国家融资的项目包括：使用预算资金 200 万元人民币以上，并且该资金占投资额 10% 以上的项目；使用国有企业事业单位资金，并且该资金占控股或者主导地位的项目。②使用国际组织或者外国政府贷款、援助资金的项目包括：使用世界银行、亚洲开发银行等国际组织贷款、援助资金的项目；使用外国政府及其机构贷款、援助资金的项目。③不属于以上①、②规定情形的大型基础

设施、公用事业等关系社会公共利益、公众安全的项目，必须招标的具体范围由国务院发展改革部门会同国务院有关部门按照确有必要、严格限定的原则制定，报国务院批准。

〔**答案**〕ABE

〔**例题5·多选**〕招标是招标人选择中标人并与其签订合同的过程，工程施工招标包含（　　　）三个阶段。

A. 招标准备阶段　　　　　　　　　　B. 资格预审阶段

C. 资格审查与投标阶段　　　　　　　D. 开标评标与授标阶段

E. 签订合同阶段

〔**解析**〕公开招标与邀请招标均要经过招标准备、资格审查与投标、开标评标与授标三个阶段。

〔**答案**〕ACD

第二节　施工招投标文件组成

一、施工招标文件的组成

招标文件是招标工程建设的大纲，是指导整个招标投标工作全过程的纲领性文件，是向投标单位提供参加投标所需要的一切情况。招标文件由招标人或者招标人委托的咨询机构根据招标项目的特点和需要编制。

施工招标文件的内容主要包括三类：

一是告知投标人相关时间规定、资格条件、投标要求、投标注意事项、如何评标等信息的投标须知类内容，如投标人须知、评标办法、投标文件格式等。

二是合同条款和格式。

三是投标所需要的技术文件，如图纸、工程量清单、技术标准和要求等。

根据《标准施工招标文件》，施工招标文件的主要内容见表6-2-1。

表6-2-1　施工招标文件的主要内容

类别	内容
招标公告 （或投标邀请书）	当未进行资格预审时，招标文件中应包括招标公告；当采用邀请招标，或者采用进行资格预审的公开招标时，招标文件中应包括投标邀请书
投标人须知	①总则；②招标文件，主要包括招标文件的构成以及澄清和修改的规定；③投标文件；④投标；⑤开标；⑥评标；⑦合同授予；⑧重新招标和不再招标，规定重新招标和不再招标的条件；⑨纪律和监督；⑩需要补充的其他内容
评标办法	—
合同条款及格式	—
工程量清单	如按照规定应编制最高投标限价的项目，其最高投标限价也应在招标时一并公布
图纸	—
技术标准与要求	—
投标文件格式	—
规定的其他材料	—

二、施工投标文件的组成

投标文件指投标人应招标文件要求编制的响应性文件，一般由商务文件、技术文件、报价文件和其他部分组成。施工投标文件的组成见表6-2-2。

表6-2-2　施工投标文件的组成

施工投标文件	主要内容
投标文件	(1) 投标函及投标函附录 (2) 法定代表人身份证明或附有法定代表人身份证明的授权委托书 (3) 联合体协议书： 招标文件载明接受联合体投标的，两个以上法人或者其他组织可以组成一个联合体，以一个投标人的身份共同投标。联合体各方均应当具备承担招标项目的相应能力；国家有关规定或者招标文件对投标人资格条件有规定的，联合体各方均应当具备规定的相应资格条件。由同一专业的单位组成的联合体，按照资质等级较低的单位确定资质等级。联合体各方应当签订联合体协议书（共同投标协议），明确约定联合体指定牵头人以及各方拟承担的工作和责任，授权指定牵头人代表所有联合体成员负责投标和合同实施阶段的主办、协调工作，并将由所有联合体成员法定代表人签署的联合体协议书连同投标文件一并提交招标人。联合体中标的，联合体各方应当共同与招标人签订合同，就中标项目向招标人承担
投标文件	连带责任。联合体各方签订共同投标协议，不得再以自己名义单独投标，也不得组成新的联合体或参加其他联合体在同一项目中投标。投标联合体没有提交联合体协议书的，评标委员会应当否决其投标 (4) 投标保证金 (5) 已标价工程量清单 (6) 施工组织设计 (7) 项目管理机构 (8) 拟分包项目情况表 (9) 资格审查资料 (10) 投标人须知前附表规定的其他材料。投标人需要向招标人递交投标人须知前附表规定的其他材料，确保投标全面响应招标人的各项要求

〔典型例题〕

[例题1·单选] 招标人对已发出的招标文件进行的必要修改，应当在投标截止时间（　　）天内发出。

A. 7   B. 10

C. 14   D. 15

[解析] 招标文件的澄清将在规定的投标截止时间15天前以书面形式发给所有购买招标文件的投标人，但不指明澄清问题的来源。如果澄清发出的时间距投标截止时间不足15天，相应推迟投标截止时间。

[答案] D

[例题2·单选] 不属于招标文件组成的是（　　）。

A. 投标须知   B. 技术规格、参数及其他要求

C. 设计图纸   D. 投标文件格式

[解析] 施工招标文件的内容主要包括：招标公告（或投标邀请书）；投标人须知；评标办法；合同条款及格式；工程量清单；图纸；技术标准与要求；投标文件格式；规定的其他材料。

[答案] C

[例题3·单选] 关于招标文件的编制，下列说法中错误的是（　　）。

A. 当未进行资格预审时招标文件应包括招标公告

B. 应规定重新招标和不再招标的条件

C. 规定开标的时间、地点和程序

D. 投标人须知前附表与投标人须知正文内容有抵触的以投标人须知前附表为准

[解析] 投标人须知主要包括对于项目概况的介绍和招标过程的各种具体要求，在正文中的未尽事宜可以通过"投标人须知前附表"进行进一步明确，由招标人根据招标项目具体特点和实际需要编制和填写，但务必与招标文件的其他章节相衔接，并不得与投标人须知正文的内容相抵触，否则抵触内容无效。

[答案] D

[例题4·单选] 招标人要求递交投标保证金的，应在招标文件中明确。投标保证金不得超过（　　）。

A. 招标项目估算价的2%

B. 招标项目估算价的3%

C. 投标报价的2%

D. 投标报价的3%

[解析] 招标人要求递交投标保证金的，应在招标文件中明确。投标保证金不得超过招标项目估算价的2%。

[答案] A

[例题5·单选] 投标人撤回已提交的投标文件，应当在（　　）。

A. 投标截止时间

B. 评标委员会开始评标

C. 评标委员会结束评标

D. 招标人发出中标通知书

[解析] 投标人在招标文件要求提交投标文件的截止时间前，可以补充、修改或者撤回已提交的投标文件，并书面通知招标人。补充、修改的内容为投标文件组成部分。投标截止后投标人撤销投标文件的，招标人可以不退还投标保证金。

[答案] A

[例题6·单选] 关于投标人以联合体投标时需遵循的规定，下列说法中正确的是（　　）。

A. 联合体各方签订共同投标协议后，可再以自己名义单独投标

B. 投标联合体在投标文件中可以不提交联合体协议书

C. 由同一专业的单位组成的联合体，按其中较高资质确定联合体资质等级

D. 联合体各方就中标项目向招标人承担连带责任

[解析] 联合体各方均应当具备承担招标项目的相应能力；国家有关规定或者招标文件对投标人资格条件有规定的，联合体各方均应当具备规定的相应资格条件。由同一专业的单位组成的联合体，按照资质等级较低的单位确定资质等级。联合体各方应当签订联合体协议书（共同投标协议），明确约定联合体指定牵头人以及各方拟承担的工作和责任，授权指定牵头人代表所有联合体成员负责投标和合同实施阶段的主办、协调工作，并将由所有联合体成员

法定代表人签署的联合体协议书连同投标文件一并提交招标人。联合体中标的，联合体各方应当共同与招标人签订合同，就中标项目向招标人承担连带责任。联合体各方签订共同投标协议后，不得再以自己名义单独投标，也不得组成新的联合体或参加其他联合体在同一项目中投标。投标联合体没有提交联合体协议书的，评标委员会应当否决其投标。

［答案］D

［例题7·多选］关于施工招标文件，下列说法中正确的有（　　　）。

A. 招标文件应包括拟签合同的主要条款

B. 当进行资格预审时，招标文件中应包括投标邀请书

C. 自招标文件开始发出之日起至投标截止之日最短不得少于15天

D. 招标文件不得说明评标委员会的组建方法

E. 招标文件应明确评标方法

［解析］自招标文件开始发出之日起至投标人提交投标文件截止之日止，最短不得少于20天，选项C错误。招标文件应说明评标委员会的组建方法，评标原则和采取的评标办法，选项D错误。

［答案］ABE

［例题8·多选］关于投标人以联合体投标时需遵循的规定，下列说法中正确的有（　　　）。

A. 低价中标法

B. 经评审的最低投标价法

C. 百分比法

D. 综合评估法

E. 有限数量制法

［解析］评标办法可选择经评审的最低投标价法和综合评估法。

［答案］BD

第三节　施工合同示范文本

一、《建设工程施工合同（示范文本）》概述

最新的《建设工程施工合同（示范文本）》（GF—2017—0201）于2017年发布。《建设工程施工合同（示范文本）》的相关内容见表6-3-1。

表6-3-1　《建设工程施工合同（示范文本）》的相关内容

项目	内容
组成	《建筑工程施工合同（示范文本）》（GF—2017—0201）由合同协议书、通用合同条款和专用合同条款三部分组成，其中包括11个附件
性质和适用范围	(1)《建筑工程施工合同（示范文本）》为非强制性使用文本 (2)《建筑工程施工合同（示范文本）》适用于房屋建筑工程、土木工程、线路管道和设备安装工程、装修工程等建设工程的施工发承包活动

续表

项目	内容
合同文件的优先顺序	除专用合同条款另有约定外，解释合同文件的优先顺序如下： （1）合同协议书 （2）中标通知书（如果有） （3）投标函及其附录（如果有） （4）专用合同条款及其附件 （5）通用合同条款 （6）技术标准和要求 （7）图纸 （8）已标价工程量清单或预算书 （9）其他合同文件

二、《建设工程施工合同（示范文本）》的主要内容

《建设工程施工合同（示范文本）》（GF—2017—0201）的条款众多，在此仅选择了通用条款中一些和造价工程师工作关联度高的部分内容进行介绍。

（一）词语定义与解释

《建设工程施工合同（示范文本）》的内容中一些词语解释见表6-3-2。

表6-3-2　《建设工程施工合同（示范文本）》的内容中一些词语解释

名称	解释
签约合同价	发包人和承包人在合同协议书中确定的总金额，包括安全文明施工费、暂估价及暂列金额等
合同价	发包人用于支付承包人按照合同约定完成承包范围内全部工作的金额，包括合同履行过程中按合同约定发生的价格变化
费用	为履行合同所发生的或将要发生的所有必需的开支，包括管理费和应分摊的其他费用，但不包括利润
暂估价	发包人在工程量清单或预算书中提供的用于支付必然发生但暂时不能确定价格的材料、工程设备的单价、专业工程以及服务工作的金额
暂列金额	发包人在工程量清单或预算书中暂定并包括在合同价格中的一笔款项，用于工程合同签订时尚未确定或者不可预见的所需材料、工程设备、服务的采购，施工中可能发生的工程变更、合同约定调整因素出现时的合同价格调整以及发生的索赔、现场签证确认等的费用
计日工	合同履行过程中，承包人完成发包人提出的零星工作或需要采用计日工计价的变更工作时，按合同中约定的单价计价的一种方式
质量保证金	按照约定承包人用于保证其在缺陷责任期内履行缺陷修补义务的担保

（二）资金来源证明及支付担保

除专用合同条款另有约定外，发包人应在收到承包人要求提供资金来源证明的书面通知后28天内，向承包人提供能够按照合同约定支付合同价款的相应资金来源证明。

除专用合同条款另有约定外，发包人需要承包人提供履约担保的，由合同当事人在专用合同条款中约定。履约担保可以采用银行保函或担保公司担保等形式，具体由合同当事人在专用合同条款中约定履约担保的方式、金额及期限等。

同时发包人应当向承包人提供支付担保。支付担保可以采用银行保函或担保公司担保等形式，具体由合同当事人在专用合同条款中约定。

因承包人原因导致工期延长的，继续提供履约担保所增加的费用由承包人承担。

非因承包人原因导致工期延长的，继续提供履约担保所增加的费用由发包人承担。

（三）安全文明施工费

安全文明施工费由发包人承担，发包人不得以任何形式扣减该部分费用。

除专用合同条款另有约定外，发包人应在开工后 28 天内预付安全文明施工费总额的 50%，其余部分与进度款同期支付。

发包人逾期支付安全文明施工费超过 7 天的，承包人有权向发包人发出要求预付的催告通知，发包人收到通知后 7 天内仍未支付的，承包人有权暂停施工，并按合同中"发包人违约的情形"执行。

承包人对安全文明施工费应专款专用，承包人应在财务账目中单独列项备查，不得挪作他用，否则发包人有权责令其限期改正；逾期未改正的，可以责令其暂停施工，由此增加的费用和（或）延误的工期由承包人承担。

（四）工期延误

工期延误的相关内容见表 6-3-3。

表 6-3-3　工期延误的相关内容

责任方	情形
因发包人原因导致工期延误	由发包人承担由此延误的工期和（或）增加的费用，且发包人应支付承包人合理的利润： （1）发包人未能按合同约定提供图纸或所提供图纸不符合合同约定的 （2）发包人未能按合同约定提供施工现场、施工条件、基础资料、许可、批准等开工条件的 （3）发包人提供的测量基准点、基准线和水准点及其书面资料存在错误或疏漏的 （4）发包人未能在计划开工日期之日起 7 天内同意下达开工通知的 （5）发包人未能按合同约定日期支付工程预付款、进度款或竣工结算款的 （6）监理人未按合同约定发出指示、批准等文件的； （7）专用合同条款中约定的其他情形 因发包人原因未按计划开工日期开工的，发包人应按实际开工日期顺延竣工日期，确保实际工期不低于合同约定的工期总日历天数
因承包人原因导致工期延误	（1）因承包人原因造成工期延误的，可以在专用合同条款中约定逾期竣工违约金的计算方法和逾期竣工违约金的上限 （2）承包人支付逾期竣工违约金后，不免除承包人继续完成工程及修补缺陷的义务

（五）不利物质条件

不利物质条件是指承包人在施工现场遇到的不可预见的自然物质条件、非自然的物质障碍和污染物，包括地表以下物质条件和水文条件以及专用合同条款约定的其他情形，但不包括气候条件。

承包人遇到不利物质条件时，应采取克服不利物质条件的合理措施继续施工，并及时通知发包人和监理人。通知应载明不利物质条件的内容以及承包人认为不可预见的理由。监理人经发包人同意后应当及时发出指示，指示构成变更的，按合同约定执行。

承包人因采取合理措施而增加的费用和（或）延误的工期由发包人承担。

（六）暂停施工

暂停施工包括发包人和承包人原因引起的暂停施工、指示暂停施工及紧急情况下的暂停施工。

发包人原因引起暂停施工：

因发包人原因引起暂停施工的，监理人经发包人同意后，应及时下达暂停施工指示。

监理人发出暂停施工指示后 56 天内未向承包人发出复工通知，除该项停工属于承包人原因引起的暂停施工及不可抗力约定的情形外，承包人可向发包人提交书面通知，要求发包人在收到书面通知后 28 天内准许已暂停施工的部分或全部工程继续施工。发包人逾期不予批准的，则承包人可以通知发包人，将工程受影响的部分视为合同约定的变更范围中的可取消工作。暂停施工持续 84 天以上不复工的，且不属于承包人原因引起的暂停施工及不可抗力约定的情形，并影响到整个工程以及合同目的实现的，承包人有权提出价格调整要求，或者解除合同。解除合同的，按照因发包人违约解除合同执行。暂停施工期间，承包人应负责妥善照管工程并提供安全保障，由此增加的费用由责任方承担。

（七）提前竣工

发包人要求承包人提前竣工的，发包人应通过监理人向承包人下达提前竣工指示，承包人应向发包人和监理人提交提前竣工建议书，提前竣工建议书应包括实施的方案、缩短的时间、增加的合同价格等内容。

发包人接受该提前竣工建议书的，监理人应与发包人和承包人协商采取加快工程进度的措施，并修订施工进度计划，由此增加的费用由发包人承担。

承包人认为提前竣工指示无法执行的，应向监理人和发包人提出书面异议，发包人和监理人应在收到异议后 7 天内予以答复。任何情况下，发包人不得压缩合理工期。

（八）变更

1. 变更程序

变更程序的内容见表 6-3-4。

表 6-3-4　变更程序的内容

类型	内容
发包人提出变更	应通过监理人向承包人发出变更指示，变更指示应说明计划变更的工程范围和变更的内容
监理人提出变更建议	需要向发包人以书面形式提出变更计划，说明计划变更工程范围和变更的内容、理由，以及实施该变更对合同价格和工期的影响
变更执行	承包人收到监理人下达的变更指示后： （1）认为不能执行变更时，应立即提出不能执行该变更指示的理由 （2）认为可以执行变更时，应当书面说明实施该变更指示对合同价格和工期的影响，且合同当事人应当按照约定确定变更估价

2. 变更估价的原则

除专用合同条款另有约定外，变更估价按照本款约定处理：

（1）已标价工程量清单或预算书有相同项目的，按照相同项目单价认定。

（2）已标价工程量清单或预算书中无相同项目，但有类似项目的，参照类似项目的单价认定。

（3）变更导致实际完成的变更工程量与已标价工程量清单或预算书中列明的该项目工程量的变化幅度超过 15% 的，或已标价工程量清单或预算书中无相同项目及类似项目单价的，按照合理的成本与利润构成的原则，由合同当事人按照商定或确定制度确定变更工作的单价。

3. 承包人的合理化建议

承包人提出合理化建议的，应向监理人提交合理化建议说明，说明建议的内容和理由，以及实施该建议对合同价格和工期的影响。

除专用合同条款另有约定外，监理人应在收到承包人提交的合理化建议后 7 天内审查完毕并报送发包人，发现其中存在技术上的缺陷，应通知承包人修改。发包人应在收到监理人报送的合理化建议后 7 天内审批完毕。合理化建议经发包人批准的，监理人应及时发出变更指示，由此引起的合同价格调整按照变更估价约定执行。发包人不同意变更的，监理人应书面通知承包人。

（九）合同价格、计量与支付

发包人和承包人应在合同协议书中选择下列一种合同价格形式，合同价格形式见表 6-3-5。

表 6-3-5　合同价格形式

内容		具体规定
合同价格形式	单价合同	单价合同是指合同当事人约定以工程量清单及其综合单价进行合同价格计算、调整和确认的建设工程施工合同，在约定的范围内合同单价不做调整
	总价合同	总价合同是指合同当事人约定以施工图、已标价工程量清单或预算书及有关条件进行合同价格计算、调整和确认的建设工程施工合同，在约定的范围内合同总价不做调整
	其他价格形式	合同当事人可在专用合同条款中约定其他合同价格形式
预付款		（1）预付款的支付按照专用合同条款约定执行，但最迟应在开工通知载明的开工日期 7 天前支付 （2）预付款应当用于材料、工程设备、施工设备的采购及修建临时工程、组织施工队伍进场等。除专用合同条款另有约定外，预付款在进度付款中同比例扣回。在颁发工程接收证书前，提前解除合同的，尚未扣完的预付款应与合同价款一并结算 （3）发包人逾期支付预付款超过 7 天的，承包人有权向发包人发出要求预付的催告通知，发包人收到通知后 7 天内仍未支付的，承包人有权暂停施工，并按合同中"发包人违约的情形"执行 （4）发包人要求承包人提供预付款担保的，承包人应在发包人支付预付款 7 天前提供预付款担保，专用合同条款另有约定除外。预付款担保可采用银行保函、担保公司担保等形式，具体由合同当事人在专用合同条款中约定
计量	计量原则	（1）工程量计量按照合同约定的工程量计算规则、图纸及变更指示等进行计量 （2）工程量计算规则应以相关的国家标准、行业标准等为依据，由合同当事人在专用合同条款中约定
	计量周期	除专用合同条款另有约定外，工程量的计量按月进行
工程进度款支付	付款周期	除专用合同条款另有约定外，付款周期应按照合同中"计量周期"的约定与计量周期保持一致

（十）竣工结算

竣工结算的相关内容和规定见表 6-3-6。

表 6-3-6　竣工结算的相关内容和规定

内容	具体规定
竣工结算申请	除专用合同条款另有约定外，承包人应在工程竣工验收合格后 28 天内向发包人和监理人提送竣工结算申请单，并提交完整的结算资料，有关竣工结算申请单的资料清单和份数等要求由合同当事人在专用合同条款中约定
竣工结算审核	（1）除专用合同条款另有约定外，监理人应在收到竣工结算申请单后 14 天内完成核查并报送发包人。发包人应在收到监理人提交的经审核的竣工结算申请单后 14 天内完成审批，并由监理人向承包人签发经发包人签认的竣工付款证书 （2）发包人在收到承包人提交竣工结算申请书后 28 天内未完成审批且未提出异议的，视为发包人认可承包人提交的竣工结算申请单，并自发包人收到承包人提交的竣工结算申请单后第 29 天起视为已签发竣工付款证书 （3）除专用合同条款另有约定外，发包人应在签发竣工付款证书后的 14 天内，完成对承包人的竣工付款。发包人逾期支付的，按照中国人民银行发布的同期同类贷款基准利率支付违约金；逾期支付超过 56 天的，按照中国人民银行发布的同期同类贷款基准利率的两倍支付违约金 （4）承包人对发包人签认的竣工付款证书有异议的，对于有异议部分应在收到发包人签认的竣工付款证书后 7 天内提出异议，并由合同当事人按照专用合同条款约定的方式和程序进行复核，或按照合同中"争议解决"约定处理

（十一）缺陷责任与保修

缺陷责任与保修的相关内容和规定见表 6-3-7。

表 6-3-7　缺陷责任与保修的相关内容和规定

内容	具体规定
缺陷责任期	缺陷责任期从工程通过竣工验收之日起计算，合同当事人应在专用合同条款约定缺陷责任期的具体期限，但该期限最长不超过 24 个月
质量保证金	（1）在工程项目竣工前，承包人已经提供履约担保的，发包人不得同时预留工程质量保证金 （2）承包人提供质量保证金有以下三种方式：①质量保证金保函；②相应比例的工程款；③双方约定的其他方式。 （3）除专用合同条款另有约定外，质量保证金原则上采用上述第①种方式

（十二）不可抗力

不可抗力的相关内容和规定见表 6-3-8。

表 6-3-8　不可抗力的相关内容和规定

内容	具体规定
概念	不可抗力是指合同当事人在签订合同时不可预见，不能避免且合同执行过程中不能克服的自然灾害和社会性突发事件，如台风、地震、海啸、洪水、罢工、戒严、暴动、战争和专用合同条款中约定的其他情形
责任的划分	不可抗力引起的后果及造成的损失由合同当事人按照法律规定及合同约定各自承担。不可抗力发生前已完成的工程应当按照合同约定进行计量支付。人员伤亡、财产损失、费用增加和（或）工期延误等后果，由合同当事人按以下原则承担： （1）永久工程、已运至施工现场的材料和工程设备的损坏，以及因工程损坏造成的第三人人员伤亡和财产损失由发包人承担 （2）承包人施工设备的损坏由承包人承担 （3）发包人和承包人承担各自人员伤亡和财产的损失 （4）因不可抗力影响承包人履行合同约定的义务，已经引起或将引起工期延误的，应当顺延工期，由此导致承包人停工的费用损失由发包人和承包人合理分担，停工期间必须支付的工人工资由发包人承担 （5）因不可抗力引起或将引起工期延误，发包人要求赶工的，由此增加的赶工费用由发包人承担 （6）承包人在停工期间按照发包人要求照管、清理和修复工程的费用由发包人承担

（十三）索赔

1. 承包人的索赔及对承包人索赔的处理

根据合同约定，承包人认为有权得到追加付款和（或）延长工期的，应按以下程序向发包人提出索赔：

（1）承包人应在知道或应当知道索赔事件发生后 28 天内，向监理人递交索赔意向通知书，并说明发生索赔事件的事由；承包人未在前述 28 天内发出索赔意向通知书的，丧失要求追加付款和（或）延长工期的权利。

（2）承包人应在发出索赔意向通知书后 28 天内，向监理人正式递交索赔报告；索赔报告应详细说明索赔理由以及要求追加的付款金额和（或）延长的工期，并附必要的记录和证明材料。

（3）索赔事件具有持续影响的，承包人应按合理时间间隔继续递交延续索赔通知，说明持续影响的实际情况和记录，列出累计的追加付款金额和（或）工期延长天数。

（4）在索赔事件影响结束后 28 天内，承包人应向监理人递交最终索赔报告，说明最终要求索赔的追加付款金额和（或）延长的工期，并附必要的记录和证明材料。

对承包人索赔的处理如下：

（1）监理人应在收到索赔报告后14天内完成审查并报送发包人。监理人对索赔报告存在异议的，有权要求承包人提交全部原始记录副本。

（2）发包人应在监理人收到索赔报告或有关索赔的进一步证明材料后的28天内，由监理人向承包人出具经发包人签认的索赔处理结果。发包人逾期答复的，则视为认可承包人的索赔要求。

（3）承包人接受索赔处理结果的，索赔款项在当期进度款中进行支付；承包人不接受索赔处理结果的，按照合同中的"争议解决"约定处理。

2. 发包人的索赔及对发包人索赔的处理

根据合同约定，发包人认为有权得到赔付金额和（或）延长缺陷责任期的，监理人应向承包人发出通知并附有详细的证明。

发包人应在知道或应当知道索赔事件发生后28天内通过监理人向承包人提出索赔意向通知书，发包人未在前述28天内发出索赔意向通知书的，丧失要求赔付金额和（或）延长缺陷责任期的权利。发包人应在发出索赔意向通知书后28天内，通过监理人向承包人正式递交索赔报告。

对发包人索赔的处理如下：

（1）承包人收到发包人提交的索赔报告后，应及时审查索赔报告的内容、查验发包人证明材料。

（2）承包人应在收到索赔报告或有关索赔的进一步证明材料后28天内，将索赔处理结果答复发包人。如果承包人未在上述期限内做出答复的，则视为对发包人索赔要求的认可。

（3）承包人接受索赔处理结果的，发包人可从应支付给承包人的合同价款中扣除赔付的金额或延长缺陷责任期；发包人不接受索赔处理结果的，按合同中的"争议解决"约定处理。

典型例题

［例题1·单选］ 关于合同文件的优先顺序中解释顺序优于中标通知书的是（　　）。

A. 合同协议书　　　　　　　　　　　　B. 专用合同条款

C. 通用合同条款　　　　　　　　　　　D. 投标函及附录

［解析］ 解释合同文件的优先顺序：①合同协议书；②中标通知书（如果有）；③投标函及其附录（如果有）；④专用合同条款及其附件；⑤通用合同条款；⑥技术标准和要求；⑦图纸；⑧已标价工程量清单或预算书；⑨其他合同文件。

［答案］ A

［例题2·单选］ 在《建筑工程施工合同（示范文本）》中，词语定义中用来反映发包人在工程量清单或预算书中提供的用于支付必然发生但暂时不能确定价格的材料、工程设备的单价、专业工程以及服务工作的金额是（　　）。

A. 暂列金额　　　　　　　　　　　　　B. 暂估价

C. 基本预备费　　　　　　　　　　　　D. 价差预备费

［解析］ 暂估价是指发包人在工程量清单或预算书中提供的用于支付必然发生但暂时不能确定价格的材料、工程设备的单价、专业工程以及服务工作的金额。

［答案］ B

[**例题 3·单选**] 根据《建筑工程施工合同（示范文本）》（GF—2017—0201），在安全文明施工费的规定中，要求发包人应在开工后（ ） 天内预付安全文明施工费总额的 50%。

A. 7

B. 14

C. 28

D. 30

[**解析**] 除专用合同条款另有约定外，发包人应在开工后 28 天内预付安全文明施工费总额的 50%，其余部分与进度款同期支付。发包人逾期支付安全文明施工费超过 7 天的，承包人有权向发包人发出要求预付的催告通知，发包人收到通知后 7 天内仍未支付的，承包人有权暂停施工，并按合同中"发包人违约的情形"执行。

[**答案**] C

[**例题 4·单选**] 根据《建筑工程施工合同（示范文本）》（GF—2017—0201）中的相关规定，合同条款中，属于不利物质条件的是（ ）。

A. 施工期间遭遇洪水

B. 进场道路出现塌方

C. 遇到已废弃的地下管道

D. 施工现场遇暴雪袭击

[**解析**] 不利物质条件是指有经验的承包人在施工现场遇到的不可预见的自然物质条件、非自然的物质障碍和污染物，包括地表以下物质条件和水文条件以及专用合同条款约定的其他情形，但不包括气候条件。

[**答案**] C

[**例题 5·单选**] 根据《建设工程施工合同（示范文本）》，预付款的支付按照专用合同条款约定执行，但最迟应在开工通知载明的开工日期（ ） 前支付。[2020 真题]

A. 3 天

B. 7 天

C. 14 天

D. 28 天

[**解析**] 预付款的支付按照专用合同条款约定执行，但至迟应在开工通知载明的开工日期 7 天前支付。

[**答案**] B

[**例题 6·单选**] 根据《建筑工程施工合同（示范文本）》（GF—2017—0201）的相关规定，下列因不可抗力导致的后果中，不属于由发包人承担责任的是（ ）。

A. 已运至施工场地的材料的损害

B. 承包人的停工损失

C. 因工程损害造成的第三者财产损失

D. 承包人设备的损坏

[**解析**] 不可抗力引起的后果及造成的损失由合同当事人按照法律规定及合同约定各自承担。不可抗力发生前已完成的工程应当按照合同约定进行计量支付。不可抗力导致的人员伤亡、财产损失、费用增加和（或）工期延误等后果，由合同当事人按以下原则承担：①永久工程、已运至施工现场的材料和工程设备的损坏，以及因工程损坏造成的第三人人员伤亡和财产损失由发包人承担；②承包人施工设备的损坏由承包人承担；③发包人和承包人承担各自人员伤亡和财产的损失；④因不可抗力影响承包人履行合同约定的义务，已经引起或将引起工期延误的，应当顺延工期，由此导致承包人停工的费用损失由发包人和承包人合理分担，停工期间必须支付的工人工资由发包人承担；⑤因不可抗力引起或将引起工期延误，发包人要求赶工的，由此增加的赶工费用由发包人承担；⑥承包人在停工期间按照发包人要求照管、清理和修复工程的费用由发包人承担。

［答案］D

［例题7·单选］根据《建设工程施工合同》规定，为了不错失索赔权利，承包人应在发出索赔意向通知书后（   ）日内，向监理提交正式索赔报告。[2020真题]

A. 7   B. 14

C. 28   D. 56

［解析］承包人应在发出索赔意向通知书后28天内，向监理人正式递交索赔报告；索赔报告应详细说明索赔理由以及要求追加的付款金额和（或）延长的工期，并附必要的记录和证明材料。

［答案］C

［例题8·单选］关于建设工程质量缺陷责任期的说法，正确的是（   ）。[2020真题]

A. 一般为两年，从工程预验收合格之日起算

B. 一般为两年，从工程通过竣工验收之日起算

C. 一般为一年，从工程预验收合格之日起算

D. 一般为一年，从工程通过竣工验收之日起算

［解析］缺陷责任期从工程通过竣工验收之日起计算。缺陷责任期一般为一年，最长不超过两年，由发承包双方在合同中约定。

［答案］D

［例题9·多选］根据《建筑工程施工合同（示范文本）》（GF—2017—0201）的相关规定，属于发包人原因造成工期延误的，承包人有权要求发包人延长工期和增加费用，并支付合理利润的有（   ）。

A. 发包人提供测量基准点、基准线有误

B. 施工设备故障

C. 发包人延迟提供材料

D. 发包人提供图纸有误

E. 发包人未按合同约定及时支付进度款

［解析］在合同履行过程中，因下列情况导致工期延误和（或）费用增加的，由发包人承担由此延误的工期和（或）增加的费用，且发包人应支付承包人合理的利润：①发包人未能按合同约定提供图纸或所提供图纸不符合合同约定的；②发包人未能按合同约定提供施工现场、施工条件、基础资料、许可、批准等开工条件的；③发包人提供的测量基准点、基准线和水准点及其书面资料存在错误或疏漏的；④发包人未能在计划开工日期之日起7天内同意下达开工通知的；⑤发包人未能按合同约定日期支付工程预付款、进度款或竣工结算款的；⑥监理人未按合同约定发出指示、批准等文件的；⑦专用合同条款中约定的其他情形。

［答案］ACDE

第四节　工程量清单编制

一、工程量清单的构成

工程量清单是招标文件的组成部分，主要包括分部分项工程量清单、措施项目清单、其他项目清单、规费和增值税项目清单。

二、工程量清单计价的适用范围

使用国有资金投资的建设工程发承包，必须采用工程量清单计价。包括全部使用国有资金（含国家融资资金）投资或国有资金投资为主的工程建设项目。非国有资金投资的建设工程，宜采用工程量清单计价。

（1）国有资金投资的工程建设项目包括：

1）使用各级财政预算资金的项目。

2）使用纳入财政管理的各种政府性专项建设基金的项目。

3）使用国有企事业单位自有资金，并且国有资产投资者实际拥有控制权的项目。

（2）国家融资资金投资的工程建设项目包括：

1）使用国家发行债券所筹资金的项目。

2）使用国家对外借款或者担保所筹资金的项目。

3）使用国家政策性贷款的项目。

4）国家授权投资主体融资的项目。

5）国家特许的融资项目。

（3）国有资金（含国家融资资金）为主的工程建设项目是指国有资金占投资总额 50％以上，或虽不足 50％，但国有投资者实质上拥有控股权的工程建设项目。

三、工程量清单的编制依据

（1）《建设工程工程量清单计价规范》（GB 50500—2013）以及各专业工程工程量计算规范。

（2）国家或省级、行业建设主管部门颁发的计价依据和办法。

（3）建设工程设计文件及相关资料。

（4）与建设工程有关的标准、规范、技术资料。

（5）拟定的招标文件。

（6）施工现场情况、地勘水文资料、工程特点及常规施工方案。

（7）其他相关资料。

四、工程量清单的编制要求

（1）招标人应负责编制招标工程量清单，若招标人不具有编制招标工程量清单的能力，可委托具有工程造价咨询资质的工程造价咨询企业编制。

（2）招标工程量清单是招标文件的重要组成部分，招标人对编制的招标工程量清单的准确性和完整性负责，投标人依据招标工程量清单进行投标报价。

（3）招标工程量清单是招标文件组成部分，招标人在编制工程量清单时必须做到五个统一，即统一项目编码、统一项目名称、统一计量单位、统一工程量计算规则以及统一的基本格式。

（4）招标工程量清单与计价表中列明的所有需要填写单价和合价的项目，投标人均应填写且只允许有一个报价。

五、分部分项工程项目清单

分部分项工程是"分部工程"和"分项工程"的总称。

分部分项工程项目清单必须载明项目编码、项目名称、项目特征、计量单位和工程量。分部分项工程项目清单的内容见表 6-4-1。

表 6-4-1　分部分项工程项目清单

内容	编制要求
项目编码	项目编码由五级十二位编码组成，各级编码代表的含义如下： (1) 第一级表示专业工程代码（分二位） (2) 第二级表示附录分类顺序码（分二位） (3) 第三级表示分部工程顺序码（分二位） (4) 第四级表示分项工程项目名称顺序码（分三位） (5) 第五级表示工程量清单项目名称顺序码（分三位）
项目名称	在编制补充项目时应注意以下三个方面： (1) 补充项目的编码由专业工程计算规范的代码前二位（第一级）与 B 和三位阿拉伯数字组成，并应从 B001 起顺序开始编制，例如房屋建筑与装饰工程如需补充项目，则补充项目编码应从 01B001 开始 (2) 在工程量清单中应附补充项目的项目名称、项目特征、计量单位、工程量计算规则和工作内容 (3) 将编制的补充项目报省级或行业工程造价管理机构备案
项目特征	(1) 项目特征是构成分部分项工程项目、措施项目自身价值的本质特征；是对项目的准确描述；是确定一个清单项目综合单价不可缺少的重要依据；是区分清单项目的依据；是履行合同义务的基础 (2) 涉及正确计量、结构要求、材质要求、安装方式的内容必须描述 (3) 在各专业工程工程量计算规范附录中还有关于各清单项目"工程内容"的描述，在编制分部分项工程量清单时，工程内容通常无须描述
计量单位	计量单位应采用基本单位，除各专业另有特殊规定外均按以下单位计量： (1) 以重量计算的项目——吨或千克（t 或 kg） (2) 以体积计算的项目——立方米（m³） (3) 以面积计算的项目——平方米（m²） (4) 以长度计算的项目——米（m） (5) 以自然计量单位计算的项目——个、套、块、樘、组、台…… (6) 没有具体数量的项目——宗、项…… 当计量单位有两个或两个以上时，应根据所编工程量清单项目的特征要求，选择最适宜表现该项目特征并方便计量的单位 计量单位的有效位数应遵守下列规定： (1) 以"t"为单位，应保留三位小数，第四位小数四舍五入 (2) 以"m³""m²""m""kg"为单位，应保留两位小数，第三位小数四舍五入 (3) 以"个""件""组""系统"等为单位，应取整数
工程量计算	所有清单项目的工程量是以实体工程量为准，并以完成后的净值计算

六、措施项目清单

（一）措施项目列项

措施项目是指为完成工程项目施工，发生于该工程施工准备和施工过程中的技术、生活、安全、环境保护等方面的项目。

（二）措施项目清单的标准格式

措施项目清单类别及内容见表 6-4-2。

表 6-4-2　措施项目清单

类别	编制方式及内容
可以计算工程量的项目	(1) 宜采用分部分项工程量清单方式编制 (2) 包括：脚手架工程，混凝土模板及支架（撑），垂直运输、超高施工增加，大型机械设备进出场及安拆，施工排水、降水等
不宜计算工程量的项目	(1) 以"项"为计量单位进行编制 (2) 包括：安全文明施工费，夜间施工，非夜间施工照明，二次搬运，冬雨季施工，地上地下设施、建筑物的临时保护设施，已完工程及设备保护等

注：(1)"计算基础"中安全文明施工费可为"定额基价""定额人工费"或"定额人工费＋定额机械费"，其他项目可为"定额人工费"或"定额人工费＋定额施工机具使用费"。

(2) 按施工方案计算的措施费，若无"计算基础"和"费率"的数值，也可只填"金额"数值，但应在备注栏说明施工方案出处或计算方法。

七、其他项目清单

其他项目清单的内容见表 6-4-3。

表 6-4-3　其他项目清单

名称		适用范围及编制要求
暂列金额		(1) 暂列金额是招标人在工程量清单中暂定并包括在合同价款中的一笔款项。用于工程合同签订时尚未确定或者不可预见的所需材料、工程设备、服务的采购，施工中可能发生的工程变更、合同约定调整因素出现时的合同价款调整以及发生的索赔、现场签证确认等的费用 (2) 暂列金额明细表由招标人填写，如不能详列，也可只列暂定金额总额，投标人应将上述暂列金额计入投标总价中
暂估价	材料暂估价	(1) 招标人在工程量清单中提供的用于支付必然发生但暂时不能确定价格的材料、工程设备的单价以及专业工程的金额 (2) 材料、工程设备暂估价应根据工程造价信息或参照市场价格估算，列出明细表：材料（工程设备）暂估单价及调整表由招标人填写"暂估单价"，并在备注栏说明暂估价的材料、工程设备拟用在哪些清单项目上，投标人应将上述材料、工程设备暂估单价计入工程量清单综合单价报价中 (3) 专业工程暂估价及结算价表本表"暂估金额"由招标人填写，投标人应将"暂估金额"计入投标总价中，结算时按合同约定结算金额填写
	工程设备暂估价	
	专业工程暂估价	
计日工		(1) 承包人完成发包人提出的工程合同范围以外的零星项目或工作，按合同中约定的单价计价的一种方式。适用于零星项目或工作。一般是指合同约定之外的或者因变更而产生的、工程量清单中没有相应项目的额外工作，尤其是那些难以事先商定价格的额外工作 (2) 计日工表项目名称、暂定数量由招标人填写，编制最高投标限价时，单价由招标人按有关计价规定确定 (3) 投标时，单价由投标人自主报价，按暂定数量计算合价计入投标总价中。结算时，按发承包双方确认的实际数量计算合价
总承包服务费		(1) 总承包人为配合协调发包人进行的专业工程发包，对发包人自行采购的材料、工程设备等进行保管以及施工现场管理、竣工资料汇总整理等服务所需的费用 (2) 总承包服务费计价表的项目名称、服务内容由招标人填写，编制最高投标限价时，费率及金额由招标人按有关计价规定确定；投标时，费率及金额由投标人自主报价，计入投标总价中

八、规费、增值税项目清单

规费项目清单应按照下列内容列项：①社会保险费，包括养老保险费、失业保险费、医疗保险费、工伤保险费、生育保险费；②住房公积金。

典型例题

[**例题1·单选**] 工程量清单作为招标文件的组成部分，其准确性由（　　）负责。

A. 招标代理机构

B. 招标人

C. 编制工程量清单的造价咨询机构

D. 招标工程量清单的编制人

[**解析**] 承包人招标工程量清单是招标文件的重要组成部分，招标人对编制的招标工程量清单的准确性和完整性负责，投标人依据招标工程量清单进行投标报价。

[**答案**] B

[**例题2·单选**] 根据《建设工程工程量清单计价规范》（GB 50500—2013），某分部分项工程的项目编码为01—02—03—004—005，其中"004"这一级编码的含义是（　　）。

A. 工程分类顺序码　　　　　　　　　　B. 清单项目顺序码

C. 分部工程顺序码　　　　　　　　　　D. 分项工程顺序码

[**解析**] 编码是分部分项工程和措施项目清单名称的阿拉伯数字标识。分部分项工程量清单项目编码分五级设置，用12位阿拉伯数字表示。各级编码代表的含义如下：①第一级表示专业工程代码（分二位）；②第二级表示附录分类顺序码（分二位）；③第三级表示分部工程顺序码（分二位）；④第四级表示分项工程项目名称顺序码（分三位）；⑤第五级表示工程量清单项目名称顺序码（分三位）。

[**答案**] D

[**例题3·单选**] （　　）是确定一个清单项目综合单价不可缺少的重要依据和区分清单项目的依据。

A. 项目名称　　　　　　　　　　　　　B. 项目特征

C. 项目编码　　　　　　　　　　　　　D. 项目计量单位

[**解析**] 项目特征是构成分部分项工程项目、措施项目自身价值的本质特征。项目特征是对项目的准确描述，是确定一个清单项目综合单价不可缺少的重要依据，是区分清单项目的依据，是履行合同义务的基础。

[**答案**] B

[**例题4·单选**] 根据《陕西省建设工程工程量清单计价规则》，可以采用综合单价计价的措施项目是（　　）。[2020真题]

A. 安全文明施工　　　　　　　　　　　B. 夜间施工和冬雨期施工

C. 二次搬运　　　　　　　　　　　　　D. 垂直运输

[**解析**] 根据《陕西省建设工程工程量清单计价规则》的规定，在陕西省编制措施项目清单时，安全文明施工费、夜间施工和冬雨季施工、二次搬运、测量放线和定位复测及检验试验四个措施项目一般按"项"编制，编制数量为"1"，采用费率计价；其余措施项目如模板及支撑、脚手架、垂直运输、大型机械进出场和安装拆卸等都是可以计算具体数量的，应按分部分项工程量清单方式编制，采用综合单价计价，这样有利于措施项目费的确定和调整，也可以按"项"编制，相应数量为"1"。

[**答案**] D

[例题5·单选] 根据《建设工程工程量清单计价规范》（GB 50500—2013）的有关规定，下列说法错误的是（　　）。

A. 招标工程量清单是招标文件的重要组成部分，招标人对编制的招标工程量清单的准确性和完整性负责，投标人依据招标工程量清单进行投标报价

B. 在项目编码010101003001中，003为分项工程项目名称顺序码

C. 以"t"为单位，应保留两位小数，第三位四舍五入

D. 以"kg"为单位，应保留两位小数，第三位四舍五入

[解析] 计量单位的有效位数应遵守下列规定：①以"t"为单位，应保留三位小数，第四位小数四舍五入；②以"m³""m²""m""kg"为单位，应保留两位小数，第三位小数四舍五入；③以"个""件""组""系统"等为单位，应取整数。

[答案] C

[例题6·单选] 关于总承包服务费的支付，下列说法中正确的是（　　）。

A. 建设单位向总承包单位支付　　　　　　B. 分包单位向总承包单位支付

C. 专业承包单位向总承包单位支付　　　　D. 专业承包单位向建设单位支付

[解析] 总承包服务费是总承包人为配合协调发包人进行的专业工程发包，对发包人自行采购的材料、工程设备等进行保管以及施工现场管理、竣工资料汇总整理等服务所需的费用。此项费用应由发包人支付给总包人。

[答案] A

[例题7·单选] 属于招标人在工程量清单中提供的用于支付必然发生但暂不能确定价格的材料，工程设备的单价及专业工程的金额是（　　）。

A. 暂列金额　　　　　B. 暂估价　　　　　C. 总承包服务费　　　D. 价差预备费

[解析] 暂估价是指招标人在工程量清单中提供的用于支付必然发生但暂时不能确定价格的材料、工程设备的单价以及专业工程的金额，包括材料暂估单价、工程设备暂估单价、专业工程暂估价。

[答案] B

[例题8·单选] 根据《建筑安装工程费用项目组成》（建标〔2003〕206号）文件的规定，不属于规费的是（　　）。

A. 住房公积金　　　　　　　　　　　　　B. 工伤保险费

C. 失业保险费　　　　　　　　　　　　　D. 劳动保险费

[解析] 规费项目清单应按照下列内容列项：①社会保险费，包括养老保险费、失业保险费、医疗保险费、工伤保险费、生育保险费；②住房公积金。

[答案] D

[例题9·多选] 下列属于可以计算工程量的项目清单，通常采用分部分项工程量清单方式编制的措施项目有（　　）。

A. 脚手架工程　　　　　　　　　　　　　B. 垂直运输工程

C. 二次搬运工程　　　　　　　　　　　　D. 已完工程及设备保护

E. 施工排水降水

[解析] 措施项目中可以计算工程量的项目清单宜采用分部分项工程量清单的方式编制。包括脚手架工程，混凝土模板及支架（撑），垂直运输、超高施工增加，大型机械设备进出场

及安拆，施工排水、降水等。

[答案] ABE

[例题 10·多选] 工程量清单的组成包括分部分项工程量清单、措施项目清单、其他项目清单、（   ）项目清单。

A. 利润　　　　　　　　　　　　　B. 企业管理费

C. 附加税　　　　　　　　　　　　D. 规费

E. 增值税

[解析] 工程量清单应由分部分项工程量清单、措施项目清单、其他项目清单、规费和税金（增值税）项目清单组成。

[答案] DE

第五节　最高投标限价编制

一、最高投标限价概述

最高投标限价是指招标人在招标文件中明确的投标人的最高报价，也称招标控制价，投标价高于该价格的投标文件将被否决。

标底是招标人的预期价格，最高投标限价是招标人可接受的上限价格。

招标人不得以投标报价超过标底上下浮动范围作为否决投标的条件，但是投标人报价超过最高投标限价时将被否决。标底需要保密，最高投标限价则需要在发布招标文件时公布。

二、最高投标限价的编制规定与依据

最高投标限价的编制规定与依据见表 6-5-1。

表 6-5-1　最高投标限价的编制规定与依据

最高投标限价	主要内容
编制规定	（1）国有资金投资的建筑工程招标的，应当设有最高投标限价；非国有资金投资的建筑工程招标的，可以设有最高投标限价或者招标标底。国有资金投资的工程建设项目应实行工程量清单招标，招标人应编制最高投标限价，并应当拒绝高于最高投标限价的投标报价 （2）最高投标限价应当依据工程量清单、工程计价有关规定和市场价格信息等编制 （3）最高投标限价应由具有编制能力的招标人或受其委托具有相应资质的工程造价咨询人编制。工程造价咨询人不得同时接受招标人和投标人对同一工程的最高投标限价和投标报价的编制 （4）为防止招标人有意压低投标人的报价，最高投标限价应在招标文件中公布。在公布最高投标限价时，除公布最高投标限价的总价外，还应公布各单位工程的分部分项工程费、措施项目费、其他项目费、规费和增值税
编制规定	（5）招标人应将最高投标限价及有关资料报送工程所在地工程造价管理机构备查。最高投标限价超过批准的概算时，招标人应将其报原概算审批部门审核。经过分析审查后确认必须超过已审批的设计概算的，由建设单位上报原设计概算批准机构重新核定 （6）投标人经复核认为招标人公布的最高投标限价未按照《建设工程工程量清单计价规范》（GB 50500—2013）的规定进行编制的，应在最高投标限价公布后 5 天内向招标投标监督机构和工程造价管理机构投诉。当最高投标限价复查结论与原公布的最高投标限价误差大于±3％时，应责成招标人改正。当重新公布最高投标限价时，若从重新公布之日起至原投标截止时间不足 15 天的，应延长投标截止期

续表

最高投标限价	主要内容
编制依据	(1) 现行国家标准《建设工程工程量清单计价规范》（GB 50500—2013）与各专业工程工程量计算规范 (2) 国家或省级、行业建设主管部门颁发的计价定额和计价办法 (3) 建设工程设计文件及相关资料 (4) 拟定的招标文件及招标工程量清单 (5) 与建设项目相关的标准、规范、技术资料 (6) 施工现场情况、工程特点及常规施工方案 (7) 工程造价管理机构发布的人工、材料、设备及机械单价等工程造价信息；工程造价信息没有发布的，参照市场价 (8) 其他相关资料

三、最高投标限价的编制内容

最高投标限价的编制内容包括分部分项工程费、措施项目费、其他项目费、规费和增值税，各个部分有不同的计价要求。

最高投标限价的编制内容见表6-5-2。

表6-5-2　最高投标限价的编制内容

项目		编制内容
分部分项工程费		(1) 分部分项工程费应根据拟定的招标文件中的分部分项工程量清单及有关要求，确定综合单价计价 (2) 综合单价中应包括招标文件中要求投标人所承担的风险内容及其范围（幅度）产生的风险费用
措施项目费		(1) 安全文明施工费应当按照国家或省级、行业建设主管部门的规定标准计价，该部分不得作为竞争性费用 (2) 措施项目应按招标文件中提供的措施项目清单确定，措施项目分为以"量"计算和以"项"计算两种 (3) 对于可精确计量的措施项目，以"量"计算，按其工程量用与分部分项工程量清单单价相同的方式确定综合单价；对于不可精确计量的措施项目，则以"项"为单位，采用费率法按有关规定综合取定 以"项"计算的措施项目清单费＝措施项目计费基数×费率
其他项目费	暂列金额	根据工程的复杂程度、设计深度、工程环境条件（包括地质、水文、气候条件等）进行估算
	暂估价	材料和工程设备单价应按照工程造价管理机构发布的工程造价信息中的材料和工程设备单价计算
	计日工	计日工中的人工单价和施工机械台班单价应按省级、行业建设主管部门或其授权的工程造价管理机构公布的单价计算。材料应按工程造价管理机构发布的工程造价信息中的材料单价计算
其他项目费	总承包服务费	(1) 招标人仅要求对分包的专业工程进行总承包管理和协调时，按分包的专业工程估算造价的1.5%计算 (2) 招标人要求对分包的专业工程进行总承包管理和协调，并同时要求提供配合服务时，根据招标文件中列出的配合服务内容和提出的要求，按分包的专业工程估算造价的3%～5%计算 (3) 招标人自行供应材料、工程设备的，按招标人供应材料、工程设备价值的1%计算
规费、增值税		规费和增值税必须按国家或省级、行业建设主管部门的规定计算，不得作为竞争性费用 增值税＝（分部分项工程量清单费＋措施项目清单费＋其他项目清单费＋规费）×增值税税率

四、最高投标限价的确定

（一）最高投标限价计价程序

建设工程的最高投标限价反映的是**单位工程费用**，各单位工程费用是由分部分项工程费、措施项目费、其他项目费、规费和增值税组成。即：

最高投标限价＝分部分项工程费＋措施项目费＋其他项目费＋规费＋增值税

（二）综合单价的确定

（1）对于技术难度较大、施工工艺复杂和管理复杂的项目，可考虑一定的风险费用，或适当调高风险预期和费用，并纳入综合单价中。

（2）对于工程设备、材料价格因市场价格波动造成的市场风险，应依据招标文件的规定，工程所在地或行业工程造价管理机构的有关规定，以及市场价格趋势，收集工程所在地近一段时间以来的价格信息，对比分析找出其波动规律，适当考虑一定波动风险率值后的风险费用，纳入综合单价中。

（3）增值税、规费等法律、法规、规章和政策变化的风险和人工单价等风险费用不应纳入综合单价中。

典型例题

［例题 1·单选］ 下列关于依法必须招标的工程，说法中正确的是（　　）。

A. 国有资金投资的建筑工程招标可不设招标控制价

B. 公布最高投标报价时只公布最高投标限价的总价

C. 招标人设有最高投标限价的，应当在开标时公布

D. 最高投标限价超过批准的概算时，招标人应将其报原概算审批部门审核

［解析］ 国有资金投资的建筑工程招标的，应当设有最高投标限价，选项 A 错误。在公布最高投标限价时，除公布最高投标限价的总价外，还应公布各单位工程的分部分项工程费、措施项目费、其他项目费、规费和增值税，选项 B 错误。非国有资金投资的建筑工程招标的，可以设有最高投标限价或者招标标底。最高投标限价应在招标文件中公布，对所编制的最高投标限价不得按照招标人的主观意志人为地进行上浮或下调，选项 C 错误。招标人应将最高投标限价及有关资料报送工程所在地工程造价管理机构备查。最高投标限价超过批准的概算时，招标人应将其报原概算审批部门审核，选项 D 正确。

［答案］ D

［例题 2·单选］ 根据相关规定，在编制招标控制价的其他项目费时，若招标人要求对分包的专业工程进行总承包管理和协调，则其他项目费的计算标准是（　　）。

A. 分部分项工程费的 1.5%　　　　　　　　B. 分部分项工程费的 3%～5%

C. 分包的专业工程估算造价的 1.5%　　　　D. 分包的专业工程估算造价的 3%～5%

［解析］ 总承包服务费计算常用标准如下：①招标人仅要求对分包的专业工程进行总承包管理和协调时，按分包的专业工程估算造价的 1.5% 计算；②招标人要求对分包的专业工程进行总承包管理和协调，并同时要求提供配合服务时，根据招标文件中列出的配合服务内容和提出的要求，按分包的专业工程估算造价的 3%～5% 计算；③招标人自行供应材料、工程设备的，按招标人供应材料、工程设备价值的 1% 计算。

［答案］ C

[**例题3·多选**] 以下属于最高投标限价编制的依据的有（　　）。

A. 建设工程设计文件　　　　　　　B. 招标工程量清单

C. 企业定额　　　　　　　　　　　D. 工程造价信息

E. 施工现场情况、工程特点及常规施工方案

[**解析**] 最高投标限价编制的依据主要包括：①现行国家标准《建设工程工程量清单计价规范》（GB 50500—2013）与各专业工程工程量计算规范；②国家或省级、行业建设主管部门颁发的计价定额和计价办法；③建设工程设计文件及相关资料；④拟定的招标文件及招标工程量清单；⑤与建设项目相关的标准、规范、技术资料；⑥施工现场情况、工程特点及常规施工方案；⑦工程造价管理机构发布的人工、材料、设备及机械单价等工程造价信息；工程造价信息没有发布的，参照市场价；⑧其他相关资料。

[**答案**] ABDE

[**例题4·多选**] 根据《建设工程工程量清单计价规范》（GB 50500—2013），招标控制价中综合单价中应考虑的风险因素包括（　　）。

A. 项目管理的复杂性　　　　　　　B. 项目的技术难度

C. 人工单价的市场变化　　　　　　D. 材料价格的市场风险

E. 税金、规费的政策变化

[**解析**] 对于招标文件中未做要求或要求不清晰的综合单价可按以下原则确定：①对于技术难度较大、施工工艺复杂和管理复杂的项目，可考虑一定的风险费用，或适当调高风险预期和费用，并纳入综合单价中。②对于工程设备、材料价格因市场价格波动造成的市场风险，应依据招标文件的规定，工程所在地或行业工程造价管理机构的有关规定，以及市场价格趋势，收集工程所在地近一段时间以来的价格信息，对比分析找出其波动规律，适当考虑一定波动风险率值后的风险费用，纳入综合单价中。③增值税、规费等法律、法规、规章和政策变化的风险和人工单价等风险费用不应纳入综合单价中。

[**答案**] ABD

第六节　投标报价编制

一、投标报价的编制原则

投标报价是承包人采取投标方式承揽工程项目时，在响应招标文件要求的前提下，通过计算确定的承包该工程的投标总价格。投标报价编制原则有：

（1）投标价应由投标人或受其委托的工程造价咨询人编制。投标报价实行市场调节价，应由投标人自主确定。

（2）投标人的投标报价不得低于工程成本。该投标人以低于成本报价竞标，应当否决该投标人的投标。

（3）招标文件中规定的发承包双方责任划分，是投标报价费用计算必须考虑的因素。

（4）投标人应对影响工程施工的现场条件进行全面考察，依据招标人介绍情况做出的判断和决策，由投标人自行负责。

（5）投标人编制投标报价以施工方案、技术措施等作为投标报价计算的基本条件；以反映企业自身技术水平和管理能力的企业定额作为计算人工、材料和机械台班消耗量的基本依据。

（6）投标人在投标报价中填写的内容要与招标文件中提供的一致，包括工程量清单的项目编码、项目名称、项目特征、计量单位、工程数量。

二、投标报价的编制流程

整个投标过程需遵循一定的程序进行编制。投标报价编制流程图见图 6-6-1。

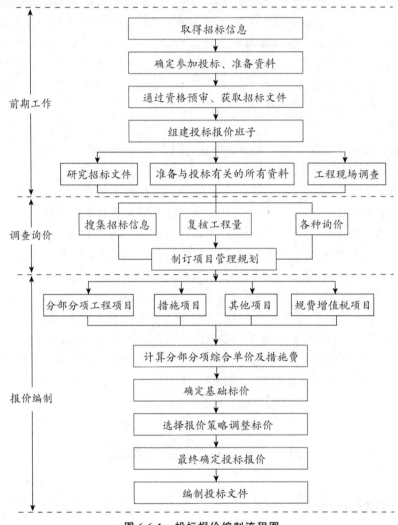

图 6-6-1 投标报价编制流程图

三、询价

询价是投标报价的基础，它为投标报价提供可靠的依据。询价的相关内容见表 6-6-1。

表 6-6-1 询价的相关内容

项目	内容
询价的渠道	（1）直接与生产厂商联系 （2）了解生产厂商的代理人或从事该项业务的经纪人 （3）了解经营该项产品的销售商 （4）向咨询公司进行询价，通过咨询公司所得到的询价资料比较可靠，但需要支付一定的咨询费用，也可向同行了解 （5）通过互联网查询 （6）自行进行市场调查或信函询价

项目	内容
生产要素询价	(1) 材料询价 (2) 施工机械询价 (3) 劳务询价。劳务询价主要有两种情况： 1) 成建制的劳务公司，相当于劳务分包，一般费用较高，但素质较可靠，工效较高，承包商的管理工作较轻 2) 劳务市场招募零散劳动力，根据需要进行选择，这种方式虽然劳务价格低廉，但有时素质达不到要求或工效较低，且承包商的管理工作较繁重

四、复核工程量

工程量的大小是投标报价编制的直接依据。

在投标时间允许的情况下可以对主要项目的工程量进行复核，对比与招标文件提供的工程量差距，从而考虑相应的投标策略，决定报价尺度。

根据工程量的大小采取合适的施工方法，选择适用、经济的施工机具设备、投入使用相应的劳动力数量；还能确定大宗物资的预订及采购的数量，防止由于超量或少购等带来的浪费、积压或停工待料。

五、投标报价的编制方法及内容

(一) 分部分项工程和措施项目清单与计价表的编制

分部分项工程和措施项目清单与计价表的编制方法和内容见表 6-6-2。

表 6-6-2　分部分项工程和措施项目清单与计价表的编制方法和内容

投标报价组成	主要内容
分部分项工程和单价措施项目清单与计价表的编制	综合单价包括完成一个规定工程量清单项目所需的人工费、材料和工程设备费、施工机具使用费、企业管理费、利润，以及一定范围内的风险费用的分摊 综合单价＝人工费＋材料和工程设备费＋施工机具使用费＋管理费＋利润 (1) 确定综合单价时的注意事项：在招投标过程中，当出现招标工程量清单特征描述与设计图纸不符时，投标人应以招标工程量清单的项目特征描述为准，确定投标报价的综合单价 (2) 综合单价确定的步骤和方法：①确定计算基础；②分析每一清单项目的工程内容；③计算工程内容的工程数量与清单单位的含量；④分部分项工程人工费、材料费、施工机具使用费的计算；⑤计算综合单价 (3) 编制分部分项工程与单价措施项目清单与计价表。将上述五项费用汇总并考虑合理的风险费用后，即可得到清单综合单价
总价措施项目清单与计价表的编制	对于不能精确计量的措施项目，应编制总价措施项目清单与计价表。投标人对措施项目中的总价项目投标报价应遵循以下原则： (1) 措施项目的内容应依据招标人提供的措施项目清单和投标人投标时拟定的施工组织设计或施工方案确定 (2) 措施项目费由投标人自主确定，但其中安全文明施工费必须按照国家或省级、行业建设主管部门的规定计价，不得作为竞争性费用。招标人不得要求投标人对该项费用进行优惠，投标人也不得将该项费用参与市场竞争 (3) "总价措施项目清单与计价表"中的"计算基础"中安全文明施工费可为"定额基价""定额人工费"或"定额人工费＋定额机械费"，其他项目可为"定额人工费"或"定额人工费＋定额施工机具使用费"

(二) 其他项目清单与计价表的编制

其他项目清单与计价表的编制的内容见表 6-6-3。

表 6-6-3　其他项目清单与计价表的编制

项目	内容
暂列金额	(1) 暂列金额应按照招标人提供的其他项目清单中列出的金额填写，不得变动 (2) 暂列金额明细表由招标人填写，如不能详列，也可只列暂定金额总额，投标人应将暂列金额计入投标总价中
暂估价	(1) 暂估价不得变动和更改 (2) 专业工程暂估单价及调整表中的"暂估金额"由招标人填写，投标人应将"暂估金额"计入投标总价中。结算时按合同约定结算金额填写
计日工	(1) 计日工应按照其他项目清单列出的项目和估算数量，自主确定各项综合单价并计算费用 (2) 计日工表项目名称、暂定数量由招标人填写，编制最高投标限价时，单价由招标人按有关计价规定确定；投标时，单价由投标人自主报价，按暂定数量计算合价计入投标总价中。结算时，按发承包双方确认的实际数量计算合价
总承包服务费	(1) 总承包服务费应根据招标人在招标文件中列出的分包专业工程内容和供应材料、设备情况，按照招标人提出的协调、配合与服务要求和施工现场管理需要自主确定 (2) 总承包服务费计价表项目名称、服务内容由招标人填写，编制最高投标限价时，费率及金额由招标人按有关计价规定确定；投标时，费率及金额由投标人自主报价，计入投标总价中

（三）规费、增值税项目清单与计价表的编制

规费和增值税应按国家或省级、行业建设主管部门的规定计算，不得作为竞争性费用。

（四）投标报价的汇总

投标人的投标总价的内容应当与组成工程量清单的内容相一致，包括分部分项工程费、措施项目费、其他项目费和规费、增值税的合计金额，即投标人在进行工程量清单招标的投标报价时，不能进行投标总价优惠，投标人对投标报价的任何优惠（或降价、让利）均应反映在相应清单项目的综合单价中。

（五）投标报价的策略

投标报价策略可以分为基本策略和报价技巧，见表 6-6-4。

表 6-6-4　投标报价的策略

投标报价的策略	主要内容
基本策略	可选择报高价的情形（有优势的或不想干的活）： ①施工条件差的工程（如条件艰苦、场地狭小或地处交通要道等）；②专业要求高的技术密集型工程且投标单位在这方面有专长，声望也较高；③总价低的小工程，以及投标单位不愿做而被邀请投标，又不便不投标的工程；④特殊工程，如港口码头、地下开挖工程等；⑤投标对手少的工程；⑥工期要求紧的工程；⑦支付条件不理想的工程 可选择报低价的情形（没优势活想干的活，竞争比较大的）： ①施工条件好的工程，工作简单、工作量大但其他投标人都可以做的工程（如大量土方工程、一般房屋建筑工程等）；②投标单位急于打入某一市场、某一地区，或虽已在某一地区经营多年，但即将面临没有工程的情况，机械设备无工地转移时；③附近有工程而本项目可利用该工程的设备、劳务或有条件短期内突击完成的工程；④投标对手多，竞争激烈的工程；⑤非急需工程；⑥支付条件好的工程
报价方法	(1) 不平衡报价法 (2) 多方案报价法 (3) 无利润报价法 (4) 突然降价法 (5) 增加建议方案法 (6) 其他报价法

典型例题

[**例题1·单选**] 当招标文件中分部分项工程清单项目特征与设计图纸不符时，投标人应（　　）。[2020真题]

A. 以清单的项目特征描述为准确定综合单价

B. 以设计图纸为准确定综合单价

C. 与招标人按照实际施工的项目特征重新约定综合单价

D. 书面通知招标人，暂时不填列该清单项目综合单价

[**解析**] 投标人投标报价时应依据招标文件中清单项目的特征描述确定综合单价。在招标投标过程中，当出现招标工程量清单特征描述与设计图纸不符时，投标人应以招标工程量清单的项目特征描述为准，确定投标报价的综合单价。在工程实施阶段施工图纸或设计变更与招标工程量清单项目特征描述不一致时，发承包双方应按实际施工的项目特征，依据合同约定重新确定综合单价。

[**答案**] A

[**例题2·单选**] 施工项目投标报价的工作包括：①搜集投标信息；②选择投标报价策略；③组建投标班子；④确定基础标价；⑤确定投标报价；⑥研究招标文件，以上工作正确的先后顺序是（　　）。

A. ⑥①③②④⑤　　　　　　　　　　B. ③⑥①④②⑤

C. ③①⑥②④⑤　　　　　　　　　　D. ⑥③①④②⑤

[**解析**] 施工投标报价流程投标人首先要决定是否参加投标，如果参加投标，即进行前期工作：准备资料，申请并参加资格预审；获取招标文件；组建投标报价班子；然后进入询价与编制阶段，整个投标过程需遵循一定的程序进行，见前文图6-6-1。

[**答案**] B

[**例题3·单选**] 相较于在劳务市场招募零散劳动力，承包人选用成建制劳务公司的劳务具有（　　）的特点。

A. 价格低，管理强度低

B. 价格高，管理强度低

C. 价格低，管理强度高

D. 价格高，管理强度高

[**解析**] 成建制劳务公司，相当于劳务分包，一般费用较高，但素质较可靠，工效较高，承包商的管理工作较轻。

[**答案**] B

[**例题4·单选**] 工程量清单计价模式下进行投标报价时，确定综合单价的工作包括：①分析各清单项目的工程内容；②确定计算基础；③计算人工、材料、机械费用；④计算工程内容的工程数量与清单单位含量；⑤计算综合单价。对上述工作先后顺序的排列，正确的是（　　）。

A. ①②④⑤③　　　　　　　　　　B. ②①④③⑤

C. ①②④③⑤　　　　　　　　　　D. ②①④⑤③

[**解析**] 本题考查的是投标报价的编制方法和内容。综合单价的确定步骤和方法：①确定计算基础；②分析每一清单项目的工程内容；③计算工程内容的工程数量与清单单位的含量；④分部分项工程人工、材料、机械费用的计算；⑤计算综合单价。

[**答案**] B

[例题 5·多选] 根据《建设工程工程量清单计价规范》（GB 50500—2013），属于安全文明施工费计算基础的有（　　）。

A. 定额人工费

B. 定额人工费＋定额材料费

C. 定额人工费＋定额施工机具使用费

D. 定额人工费＋定额材料费＋定额施工机具使用费

E. 定额材料费

[解析] 本题"计算基础"中安全文明施工费可为"定额基价""定额人工费"或"定额人工费＋定额施工机具使用费"。

[答案] ACD

[例题 6·多选] 下列费用中，由招标人填写金额，投标人投标报价中直接计入投标总价的有（　　）。

A. 材料设备暂估价　　　　　　　　B. 专业工程暂估价

C. 暂列金额　　　　　　　　　　　D. 计日工单价

E. 总承包服务费

[解析] "专业工程暂估价、暂列金额"由招标人填写金额，投标人直接计入投标总价。

[答案] BC

[例题 7·多选] 投标人在投标报价时，选择投标策略时，报价可高一些的情形有（　　）。

A. 施工条件差的工程

B. 专业要求高的技术密集型工程且投标单位在这方面有专长

C. 附近有工程而本项目可利用该工程的设备

D. 投标对手多，竞争激烈的工程

E. 支付条件不理想的工程

[解析] 可选择报高价的情形：①施工条件差的工程（如条件艰苦、场地狭小或地处交通要道等）；②专业要求高的技术密集型工程且投标单位在这方面有专长，声望也较高；③总价低的小工程，以及投标单位不愿做而被邀请投标，又不便不投标的工程；④特殊工程，如港口码头、地下开挖工程等；⑤投标对手少的工程；⑥工期要求紧的工程；⑦支付条件不理想的工程。

[答案] ABE

[例题 8·多选] 复核工程量是投标人编制投标报价前的一项重要工作。通过复核工程量，便于投标人（　　）。

A. 决定报价尺度　　　　　　　　　B. 采取合适的施工方法

C. 选用合适的施工机具　　　　　　D. 决定投入劳动力数量

E. 选用合适的承包方式

[解析] 复核工程量的准确程度，将影响承包商的经营行为：一是根据复核后的工程量与招标文件提供的工程量之间的差距，从而考虑相应的投标策略，决定报价尺度；二是根据工程量的大小采取合适的施工方法，选择适用、经济的施工机具设备、投入使用相应的劳动力数量等。

[答案] ABCD

◆ 同步强化训练

一、单项选择题（每题的备选项中，只有1个最符合题意）

1. 关于《建设工程施工合同（示范文本）》中安全文明施工费的支付，下列说法正确的是（　　）。

    A. 按施工工期平均分摊安全文明施工费，与进度款同期支付

    B. 按合同建筑安装工程费分摊安全文明施工费，与进度款同期支付

    C. 在开工后的约定期限内预付不低于当年施工进度计划的安全文明施工费总额的50％，其余部分与进度款同期支付

    D. 在正式开工前预付不低于当年施工进度计划的安全文明施工费总额的50％，其余部分与进度款同期支付

2. 关于招标控制价的说法中正确的是（　　）。

    A. 招标人不得拒绝高于招标控制价的投标报价

    B. 招标控制价超过批准概算10％时，应报原概算审批部门审核

    C. 最高投标报价应保密

    D. 经复查的招标控制价与原招标控制价误差大于±3%的应责成招标人改正

3. 在招标投标过程中，招标文件获取方式应在（　　）载明。

    A. 招标公告

    B. 资格预审公告

    C. 招标文件

    D. 投标文件

4. 投标人在投标报价时，不适宜采用无利润报价法的情形是（　　）。

    A. 有可能在中标后，将大部分工程分包给索价较低的一些分包商

    B. 较长时期内，投标单位没有在建工程项目

    C. 先以低价获得首期工程，而后赢得机会创造第二期工程中的竞争优势

    D. 迷惑对手，提高中标概率

5. 下列关于暂列金额的说法中正确的是（　　）。

    A. 用于必须要发生但暂时不能确定价格的项目

    B. 由承包人支配，按签证价格结算

    C. 不能用于因工程变更而发生的索赔支付

    D. 不同专业预留的暂列金额应分别列项

6. 下列关于工程量清单的编制中，说法正确的是（　　）。

    A. 项目编码以五级全国统一编码设置，用十二位阿拉伯数字表示

    B. 编制分部分项工程量清单时，必须对工作内容进行描述

    C. 补充项目的编码由计量规范的代码与B和三位阿拉伯数字组成

    D. 按施工方案计算的措施费，必须写明"计算基础""费率"的数值

7. 关于措施项目费的计算规定中，对于不能计算工程量的措施项目，当按施工方案计算措施费时，若无"计算基础"和"费率"数值，则（　　）。

    A. 以定额计价为计算基础，以国家、行业、地区定额中相应的费率计算金额

    B. 以"定额人工费＋定额机械费"为计算基础，以国家、行业、地区定额中相应费率计算金额

C. 只填写"金额"数值，在备注中说明施工方案出处或计算方法

D. 备注中说明中计算方法，补充填写"计算基础"和"费率"

8. 在投标报价的编制中，总承包服务费计价表编制时，投标时应由投标人填写的是（　　）。

A. 费率

B. 项目价值

C. 项目名称

D. 服务内容

9. 下列不属于资格审查与投标阶段主要工作步骤的是（　　）。

A. 准备招标文件

B. 发售资格预审文件

C. 现场踏勘

D. 发售招标文件

10. 根据《建设工程施工合同（示范文本）》的相关规定，监理人应在收到承包人提交的合理化建议后（　　）天内完成审查完毕并报送发包人。

A. 7   B. 14

C. 28   D. 42

11. 与公开招标相比较属于邀请招标优点的是（　　）。

A. 投标竞争激烈

B. 可以在较广的范围内选择承包商

C. 节约了招标费用

D. 择优率更高

二、多项选择题（每题的备选项中，有2个或2个以上符合题意，至少有1个错项）

1. 根据《招标投标法》和《招标投标法实施条例》的相关规定，下列属于招标文件中投标人须知的有（　　）。

A. 合同条款及格式

B. 招标控制价

C. 中标通知书的发出时间

D. 招标文件的澄清和修改

E. 投标准备时间

2. 投标报价时有关复核工程量的表述，正确的有（　　）。

A. 工程量清单中工程量的遗漏或错误，是否向招标人提出修改意见取决于工程内容

B. 通过工程量计算复核还能准确地确定订货及采购物资的报价

C. 投标人发现工程量清单中数量有误，可以对工程量清单进行修改

D. 工程量计算复核还能准确地确定订货及采购物资的数量，防止由于超量或少购等带来的浪费

E. 对比与招标文件提供的工程量差距，从而考虑相应的投标策略

3. 下列情形中，投标单位报价可低一些的有（　　）。

A. 附近有工程而本项目可利用该工程的设备、劳务或有条件短期内突击完成的工程

B. 支付条件差的工程

C. 投标对手多，竞争激烈的工程

D. 施工条件好的工程，工作简单、工程量大而其他投标人都可以做的工程

E. 投标单位虽已在某一地区经营多年，但即将面临没有工程的情况，机械设备无工地转移

4. 根据《建设工程施工合同（示范文本）》的相关规定，以下有关提前竣工的说法正确的有（　　）。

A. 发包人应通过监理人向承包人下达提前竣工指示

B. 承包人应向发包人和监理人提交提前竣工建议书

C. 承包人不得拒绝发包人提前竣工要求

D. 发包人要求合同工程提前竣工，发包人应承担承包人由此增加的赶工费

E. 任何情况下，发包人不得压缩合理工期

5. 在清单编制的过程中，下列关于暂估价的计算和填写，说法正确的有（　　）。

A. 暂估价数量和拟用项目应结合工程量清单中的"暂估价表"予以补充说明

B. 材料暂估价应由招标人填写暂估单价，无须指出拟用于哪些清单项目

C. 工程设备暂估价不应纳入分部分项工程综合单价

D. 专业工程暂估价应分不同专业，列出明细表

E. 专业工程暂估价由招标人填写，并计入投标总价

6. 下列工程项目中，属于必须采用工程量清单计价的有（　　）。

A. 使用各级财政预算资金的项目

B. 使用国家发行债券所筹资金的项目

C. 国有资金投资总额占50％以上的项目

D. 使用国家政策性贷款的项目

E. 使用国际金融机构贷款的项目

>>> 参考答案及解析 <<<

一、单项选择题

1. [答案] C

[解析] 发包人应在开工后的约定期限内预付安全文明施工费总额的50％，其余部分与进度款同期支付。

2. [答案] D

[解析] 投标人经复核认为招标人公布的最高投标限价未按照《建设工程工程量清单计价规范》（GB 50500—2013）的规定进行编制的，应在最高投标限价公布后5天内向招标投标监督机构和工程造价管理机构投诉。当最高投标限价复查结论与原公布的最高投标限价误差大于±3％时，应责成招标人改正。当重新公布最高投标限价时，若从重新公布之日起至原投标截止时间不足15天的，应延长投标截止期。

3. [答案] A

[解析] 当未进行资格预审时，招标文件中应包括招标公告。当采用邀请招标，或者采用进行资格预审的公开招标时，招标文件中应包括投标邀请书。投标邀请书可代替资格预审通过通知书，以明确投标人已具备了在某具体项目具体标段的投标资格，其他内容包括招标文件的获取、投标文件的递交等。

4. [答案] D

[解析] 无利润报价法通常在下列情形时采用：①有可能在中标后，将大部分工程分包给索价较低的一些分包商；②对于分期建设的工程项目，先以低价获得首期工程，而后赢得机会创造第二期工程中的竞争优势，并在以后的工程实施中获得盈利；③较长时期内，投标单位没有在建工程项目，如果再不中标，就难以维持生存。

5. [答案] D

[解析] 暂列金额是招标人在工程量清单中暂定并包括在合同价款中的一笔款项。用于工程合同签订时尚未确定或者不可预见的所需材料、工程设备、服务的采购，施工中可能发生的工程变更、合同约定调整因素出现时的合同价款调整以及发生的索赔、现场签证确认等的费用。

6. [答案] C

[解析] 一、二、三、四级编码为全国统一，选项 A 错误。在编制分部分项工程项目清单时，工程内容通常无须描述，选项 B 错误。按施工方案计算的措施费，若无"计算基础"和"费率"的数值，也可只填"金额"数值，但应在备注栏说明施工方案出处或计算方法，选项 D 错误。

7. [答案] C

[解析] 按施工方案计算的措施费，若无"计算基础"和"费率"的数值，也可只填"金额"数值，但应在备注栏说明施工方案出处或计算方法。

8. [答案] A

[解析] 总承包服务费计价表项目名称、服务内容由招标人填写，编制招标控制价时，费率及金额由招标人按有关计价规定确定；投标时，费率及金额由投标人自主报价，计入投标总价中。

9. [答案] A

[解析] 资格审查与投标阶段的主要工作步骤包含：发售资格预审文件；进行资格预审；发售招标文件；现场踏勘、标前会议；投标文件的编制、递交和接收。

10. [答案] A

[解析] 监理人应在收到承包人提交的合理化建议后 7 天内审查完毕并报送发包人，发现其中存在技术上的缺陷，应通知承包人修改。

11. [答案] C

[解析] 邀请招标方式的优点是：不发布招标公告，不进行资格预审，简化了招标程序，因而节约了招标费用、缩短了招标时间。而且由于招标人比较了解投标人，从而减少了合同履约过程中承包商违约的风险。

二、多项选择题

1. [答案] CDE

[解析] 投标人须知包括：总则、招标文件（包含招标文件的澄清和修改）、投标文件、投标（包含投标准备时间）、开标、评标、合同授予（包含中标通知书的发出时间）、重新招标和不再招标、纪律和监督、需要补充的其他内容。

2. [答案] DE

[解析] 工程量清单中工程量的遗漏或错误，是否向招标人提出修改意见取决于投标策略，故选项 A 错误。通过工程量计算复核还能准确地确定订货及采购物资的数量，故选项 B 错误。复核工程量的目的不是修改工程量清单，即使有误，投标人也不能修改工程量清单中的工程量，故选项 C 错误。在投标时间允许的情况下可以对主要项目的工程量进行复核，对比与招标文件提供的工程量差距，从而考虑相应的投标策略，决定报价尺度；也可根据工程量的大小采取合适的施工方法，选择适用、经济的施工机具设备、投入使用相应的劳动力数量等，故选项 D、E 正确。

3. [答案] ACDE

[解析] 投标单位遇到下列情形时，其报价可低一些：①施工条件好的工程，工作简单、工作量大但其他投标人都可以做的工程（如大量土方工程、一般房屋建筑工程等）；②投标单位急于打入某一市场、某一地区，或虽已在某一地区经营多年，但即将面临没有工程的情况，机械设备无工地转移时；③附近有工程而本项目可利用该工程的设备、劳务或有条件短期内突击完成的工程；④投标对手多，竞争激烈的工程；⑤非急需工程；⑥支付条件好的工程。

4.［答案］ABDE

［解析］发包人要求承包人提前竣工的，发包人应通过监理人向承包人下达提前竣工指示，承包人应向发包人和监理人提交提前竣工建议书，提前竣工建议书应包括实施的方案、缩短的时间、增加的合同价格等内容。发包人接受该提前竣工建议书的，监理人应与发包人和承包人协商采取加快工程进度的措施，并修订施工进度计划，由此增加的费用由发包人承担。承包人认为提前竣工指示无法执行的，应向监理人和发包人提出书面异议，发包人和监理人应在收到异议后 7 天内予以答复。任何情况下，发包人不得压缩合理工期。

5.［答案］ADE

［解析］材料（工程设备）暂估价由招标人填写"暂估单价"，并在备注栏说明暂估价的材料、工程设备拟用在哪些清单项目上，投标人应将上述材料、工程设备暂估价计入工程量清单综合单价报价中，故选项 B 错误。投标人应将上述材料、工程设备暂估价计入工程量清单综合单价报价中，故选项 C 错误。

6.［答案］ABCD

［解析］使用国有资金投资的建设工程发承包，必须采用工程量清单计价。国有资金投资的工程建设项目包括：①使用各级财政预算资金的项目；②使用纳入财政管理的各种政府性专项建设基金的项目；③使用国有企事业单位自有资金，并且国有资产投资者实际拥有控制权的项目。国家融资资金投资的工程建设项目包括：①使用国家发行债券所筹资金的项目；②使用国家对外借款或者担保所筹资金的项目；③使用国家政策性贷款的项目；④国家授权投资主体融资的项目；⑤国家特许的融资项目。国有资金（含国家融资资金）为主的工程建设项目是指国有资金占投资总额 50％ 以上，或虽不足 50％ 但国有投资者实质上拥有控股权的工程建设项目。

第七章　工程施工和竣工阶段造价管理

　　本章主要讲述的是在实现建设工程价值的主要阶段——施工阶段，其实际上也是整个项目建设周期中资金投入量较大的阶段。那么作为造价工程师需要在工程的施工阶段以及竣工验收阶段着重注意的问题，就是本章节的主要内容。包括工程施工成本管理、工程变更管理、工程索赔管理、工程计量和支付、工程结算及竣工结算的相关内容。

　　本章考核内容并不难，但内容相对较多，记忆型的内容较多。关于考核的内容、形式相对固定，考生可以通过相关题目的训练理解相关考点的具体内容。

■ 知识脉络

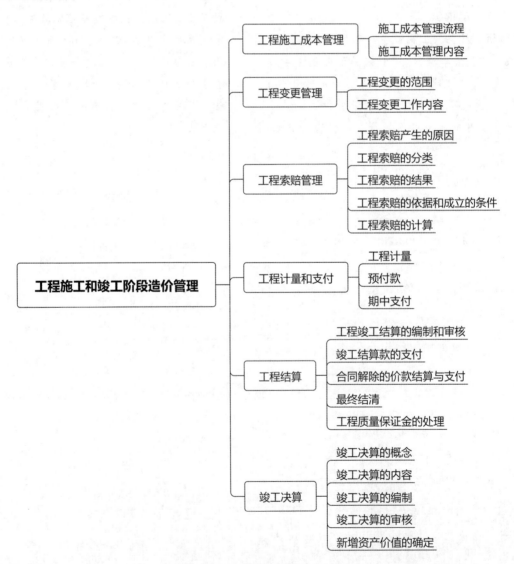

第一节 工程施工成本管理

一、施工成本管理流程

施工成本管理流程见图 7-1-1。

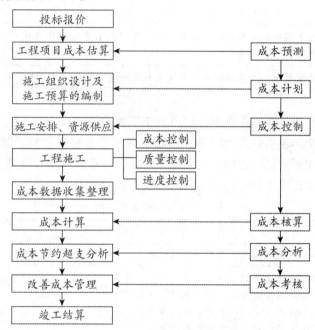

图 7-1-1 施工成本管理流程

成本测算是指编制投标报价时对预计完成该合同施工成本的测算；它是决定最终投标价格的核心工作。

成本测算是成本计划的编制基础，成本计划是成本控制和核算的基础；成本控制是成本计划实现的保证，是对成本计划实施进行的监督，而成本计划是否实现又是通过成本核算做最后的检查，成本核算所提供的成本信息又是成本分析、成本考核的依据。成本分析为成本考核提供依据，成本考核是实现成本目标责任制的保证和手段。

二、施工成本管理内容

（一）成本测算

成本测算是施工承包单位及其项目经理部有关人员，运用一定的预测技术，综合考虑各种因素，来推断和估计某一成本对象（一个项目、一件产品或一种劳务）未来的成本目标和水平。它是对未来成本水平及其变化趋势作出科学的估计，也是最终投标价格取定的核心数据。

成本测算是成本计划的编制基础。

成本测算常用的方法是成本法，即通过施工企业定额来进行施工预算的编制，测算拟施工工程的成本，同时考虑建设期物价等风险因素进行调整。

（二）成本计划

成本计划是在成本预算的基础上，施工承包单位及其项目经理部对计划期内工程项目成本水平所做的筹划。通过一定的方法确定目标成本，并对目标成本进行分解。

成本计划的编制方法见表7-1-1。

表 7-1-1　成本计划的编制方法

方法	概念
目标利润法	根据工程项目的合同价格扣除目标利润得到目标总成本的方法
技术进步法	以工程项目计划采取的技术组织措施和节约措施所能取得的经济效果为项目成本降低额，求得项目目标成本的方法
按实计算法	以工程项目的实际资源消耗测算为基础，根据所需资源的实际价格，详细计算各项活动或各项成本组成的目标成本
定率估算法	又称历史资料法，当工程项目非常庞大和复杂而需要分为几个部分时采用的方法

（三）成本控制

成本控制是在工程项目实施过程中，运用系统工程的原理对企业在生产经营过程中发生的各种耗费，即施工生产所耗费的人力、物力和各项费用开支进行控制、调节和监督及时预防、及时纠偏，保证成本在预算估计范围内，保证工程项目目标成本实现的工作。

成本控制是工程项目成本管理的核心内容。成本控制的方法见表7-1-2。

表 7-1-2　成本控制的方法

方法	概念
成本分析表法	利用各种表格进行成本分析和控制的方法
工期—成本同步分析法	成本控制与进度控制之间有着必然的同步关系 施工成本的实际开支与计划不相符，往往是由两个因素引起的： （1）在某道工序上的成本开支超出计划 （2）某道工序的施工进度与计划不符
赢得值法（挣值法）	赢得值法是对工程项目成本/进度进行综合控制的一种分析方法
	通过"已完工程预算成本—已完工程实际成本"，分析由于实际价格的变化而引起的累计成本偏差
	通过"已完工程预算成本—拟完工程预算成本"，分析由于进度偏差而引起的累计成本偏差
价值工程法	价值工程方法是对工程项目进行事前成本控制的重要方法

（四）成本核算

成本核算是计算总成本和单位成本。成本核算通常以会计核算为基础，以货币为计算单位。

成本核算是施工承包单位运用一定的会计核算方法，对生产经营过程中发生的各种耗费按照一定的对象进行分配和归集确定实际发生额，以此来计算总成本和单位成本的工作。成本核算所提供的各种信息，是成本预测、成本计划、成本控制和成本考核的依据。

成本核算的相关内容见表7-1-3。

表 7-1-3　成本核算的相关内容

项目	内容
成本核算对象和范围	施工项目经理部应建立以单位工程为对象的成本核算账务体系

续表

项目		内容
成本核算方法	表格核算法	(1) 优点：比较简捷明了，直观易懂，易于操作，适时性较好 (2) 缺点：覆盖范围较窄，核算债权债务等比较困难；且较难实现科学严密的审核制度，有可能造成数据失实，精度较差
	会计核算法	(1) 优点：核算严密、逻辑性强、人为调节的可能因素较小、核算范围较大 (2) 缺点：对核算人员的专业水平要求较高
	人工费	—
	材料费	—
	施工机具使用费	(1) 在施工机具使用费中，占比重最大的是施工机具折旧费 (2) 按现行财务制度规定，施工承包单位计提折旧一般采用平均年限法和工作量法 (3) 技术进步较快或使用寿命受工作环境影响较大的施工机具和运输设备，经国家财政主管部门批准，可采用双倍余额递减法或年数总和法计提折旧

折旧方法见表 7-1-4。

表 7-1-4　折旧方法

折旧方法	概念、特点及公式
平均年限法（使用年限法）	(1) 按照固定资产预计使用年限平均分摊固定资产折旧额的方法，按此计算方法所计算的每年的折旧额是相同的，因此，在各年使用资产情况相同时，采用这种方法比较恰当，因此又称为直线法 (2) 固定资产预计净残值是指固定资产清理时剩下的残料或零部件等变价收入。净残值率一般按照固定资产原值的 3%～5% 来确定。按以下公式计算： 年折旧率＝（1－预计净残值率）/折旧年限×100% 年折旧额＝固定资产原值×年折旧率
工作量法	工作量法是按照固定资产生产经营过程中所完成的工作量计提折旧的一种方法，是由平均年限法派生出来的一种方法。 按照行驶里程计算折旧额时： $$单位里程折旧额＝\frac{原值×（1－预计净残值率）}{规定的总行驶里程}$$ 年折旧额＝年实际行驶里程×单位里程折旧额 按照台班计算折旧额时： $$每台班折旧额＝\frac{原值×（1－预计净残值率）}{规定的总工作台班}$$ 年折旧额＝年实际工作台班×每台班折旧额
双倍余额递减法	(1) 双倍余额递减法是指在计算折旧率的时候不考虑固定资产预计残值，在这种情况下，将每期固定资产的期初账面净值乘以一个固定不变的百分率，计算折旧额的一种加速折旧的方法，它属于一种加速折旧的方法 (2) 年折旧率是平均年限法的两倍，并且在计算年折旧率时不考虑预计净残值率 (3) 采用此方法时，折旧率固定，但计算基数逐年递减，因此计提的折旧额逐年递减 $$年折旧率＝\frac{2}{折旧年限}×100%$$ 年折旧额＝固定资产账面净值×年折旧率 固定资产账面净值＝固定资产原值－已计提折旧额

[例题 1] 一台设备原价 60 万，预计净残值率为 5%，预计未来可以使用 10 年，则按照平均年限法，则每年应计提折旧额为多少？

解：

年折旧率＝1÷10×100％＝10％。

每年折旧额＝60×（1－5％）×10％＝5.7（万元）。

[例题2] 某项固定资产原价为30000元，预计净残值1000元，预计使用年限5年。采用双倍余额递减法计算各年的折旧额。

解：

年折旧率＝2÷5×100％＝40％。

第一年折旧额＝30000×40％＝12000（元）。

第二年折旧额＝（30000－12000）×40％＝7200（元）。

第三年折旧额＝（30000－12000－7200）×40％＝4320（元）。

第四年折旧额＝（30000－12000－7200－4320－1000）÷2＝2740（元）。

第五年折旧额＝（30000－12000－7200－4320－1000）÷2＝2740（元）。

（五）成本分析

成本分析是利用核算及其他有关资料，对成本水平与构成的变动情况，系统研究影响成本升降的各因素及其变动的原因，寻找降低成本的途径的分析。成本分析为成本考核提供依据。

1. 成本分析的方法

成本分析的基本方法包括：比较法、因素分析法、差额计算法、比率法等。成本分析方法的具体内容见表7-1-5。

表7-1-5 成本分析的方法

方法	内容
比较法	比较法的应用通常有下列形式： （1）本期实际指标与目标指标对比 （2）本期实际指标与上期实际指标对比 （3）本期实际指标与本行业平均水平、先进水平对比
因素分析法	又称连环置换法，这种方法可用来分析各种因素对成本的影响程度
差额计算法	差额计算法是因素分析法的一种简化形式，它利用各个因素的目标值与实际值的差额来计算其对成本的影响程度
比率法	比率法是指用两个以上的指标的比例进行分析的方法

2. 成本分析的类别

施工成本的类别有分部分项工程成本，月（季）度成本、年度成本及竣工成本的综合分析等。具体内容见表7-1-6。

表7-1-6 成本分析的类别

类别	内容
分部分项工程成本分析	（1）方法：进行预算成本、目标成本和实际成本的"三算"对比，分别计算实际成本与预算成本、实际成本与目标成本的偏差，分析偏差产生的原因，为今后的分部分项工程成本寻求节约途径 （2）分析资料来源：预算成本，是以施工图和定额为依据编制的施工图预算成本，目标成本为分解到该分部分项工程上的计划成本，实际成本来自施工任务单的实际工程量、实耗人工和限额领料单的实耗材料

续表

类别	内容
月（季）度成本分析	（1）月（季）度成本分析的依据是当月（季）的成本报表 （2）通过主要技术经济指标的实际与目标对比，分析产量、工期、质量、"三材"节约率、机械利用率等对成本的影响
年度成本分析	（1）年度成本分析的依据是年度成本报表 （2）重点是针对下一年度的施工进展情况规划切实可行的成本管理措施，以保证工程项目施工成本目标的实现
竣工成本的综合分析	单位工程竣工成本分析应包括：竣工成本分析，主要资源节约/超支对比分析，主要技术节约措施及经济效果分析

（六）成本考核

成本考核是在工程项目建设过程中或项目完成后，审核成本目标实现情况和成本计划指标的完成结果，全面评价成本管理工作的成绩。促使各责任中心对项目形成过程中的各级单位成本管理的成绩或失误进行总结与评价，对所控制的成本承担责任，并借以控制和降低各种产品的生产成本。成本考核指标见表7-1-7。

表 7-1-7　成本考核指标

类别	内容
企业对项目成本的考核指标	项目施工成本降低额和项目施工成本降低率
企业对项目经理部可控责任成本的考核指标	（1）项目经理责任目标总成本降低额和降低率 （2）施工责任目标成本实际降低额和降低率 （3）施工计划成本实际降低额和降低率

典型例题

[例题1·单选] 各年折旧基数不变但折旧率逐年递减的固定资产折旧方法是（　　）。

A. 平均年限法　　　　　　　　　　B. 工作量法

C. 双倍余额递减法　　　　　　　　D. 年数总和法

[解析] 各年折旧基数不变但折旧率逐年递减的固定资产折旧方法是年数总和法。

[答案] D

[例题2·单选] 按照我国现有规定，成本计划后的成本管理的工作是（　　）。

A. 成本预测　　　　　　　　　　　B. 成本分析

C. 成本控制　　　　　　　　　　　D. 成本考核

[解析] 成本管理的程序为：成本预测、成本计划、成本控制、成本核算、成本分析、成本考核。

[答案] C

[例题3·单选] 采用目标利润法编制成本计划时，目标成本的计算方法是从（　　）中扣除目标利润。

A. 概算价格　　　　　　　　　　　B. 预算价格

C. 合同价格　　　　　　　　　　　D. 结算价格

[解析] 目标利润法是指根据工程项目的合同价格扣除目标利润后得到目标成本的方法。在采用正确的投标策略和方法以最理想的合同价中标后，从标价中扣除预期利润、税金、应上缴的管理费等之后的余额即为工程项目实施中所能支出的最大限额。

[答案] C

[例题4·单选] 施工项目经理部应建立和健全以（　　）为对象的成本核算账务体系。

A. 分项工程　　　　　B. 分部工程　　　　　C. 单位工程　　　　　D. 单项工程

[解析] 施工项目经理部应建立和健全以单位工程为对象的成本核算账务体系，严格区分企业经营成本和项目生产成本，在工程项目实施阶段不对企业经营成本进行分摊，以正确反映工程项目可控成本的收、支、结、转的状况和成本管理业绩。

[答案] C

[例题5·单选] 下列施工成本管理方法中，可用于施工成本分析的是（　　）。

A. 技术进步法　　　　　　　　　　B. 因素分析法

C. 定率估算法　　　　　　　　　　D. 挣值分析法

[解析] 成本分析的基本方法包括：比较法、因素分析法、差额计算法、比率法等。

[答案] B

[例题6·单选] 当工程项目非常庞大和复杂而需要分为几个部分的，采用的项目目标成本计划的编制方法是（　　）。

A. 目标利润法　　　　　　　　　　B. 技术进步法

C. 按实计算法　　　　　　　　　　D. 定率估算法

[解析] 成本计划的编制方法包括目标利润法、技术进步法、按实计算法、定率估算法。当工程项目非常庞大和复杂而需要分为几个部分时采用定率估算法。

[答案] D

[例题7·单选] 某固定资产原值为20万元，现评估市值为25万元，预计使用年限为10年，净残值率为5%，采用平均年限法折旧，则年折旧额为（　　）万元。

A. 1.90　　　　　　B. 2.00　　　　　　C. 2.38　　　　　　D. 2.50

[解析] 年折旧率＝（1－预计残值率）/折旧年限×100%＝（1－5%）/10×100%＝9.5%；年折旧额＝固定资产原值×年折旧率＝20×9.5%＝1.90（万元）。

[答案] A

[例题8·单选] 某施工企业购入一台自卸汽车，原价为150000元，预计净残值2000元，预计使用年限5年，采用双倍余额递减法计算的第三年折旧额是（　　）万元。[2020真题]

A. 60000　　　　　　　　　　　　B. 45000

C. 36000　　　　　　　　　　　　D. 21600

[解析] 年折旧率＝2×（1/5）＝40%。第一年的折旧额＝150000×40%＝60000（元）；第二年的折旧额＝（150000－60000）×40%＝36000（元）；第三年的折旧额＝（150000－60000－36000）×40%＝21600（元）。

[答案] D

[例题9·多选] 施工企业对项目管理机构成本考核的主要指标有（　　）。[2020真题]

A. 责任目标总成本　　　　　　　　B. 计划总成本

C. 项目成本降低额　　　　　　　　D. 项目成本降低率

E. 项目施工预算成本

[解析] 公司应以项目成本降低额、项目成本降低率作为项目管理机构成本考核的主要指标。

[答案] CD

[例题10·多选] 根据现行财务制度的规定，在施工企业中，对于技术进步较快或使用寿命受工作环境影响较大的施工机械和运输设备，经财政部批准，计提折旧时可以采用的方法有（　　）。

A. 使用年限法
B. 台班工作量法
C. 双倍余额递减法
D. 行驶里程法
E. 年数总和法

[解析] 施工企业计提折旧一般采用平均年限法和工作量法。技术进步较快或使用寿命受工作环境影响较大的施工机械和运输设备，经财政部批准，可采用双倍余额递减法或年数总和法计提折旧。

[答案] CE

[例题11·多选] 进行施工成本对比分析时，可采用的对比方式有（　　）。

A. 本期实际值与目标值对比
B. 本期实际值与上期目标值对比
C. 本期实际值与上期实际值对比
D. 本期目标值与上期实际值对比
E. 本期实际值与行业先进水平对比

[解析] 比较法就是通过技术经济指标的对比，检查目标的完成情况，分析产生差异的原因，进而挖掘内部潜力的方法。用比较法进行施工成本分析通常有三种形式：实际指标与目标指标对比；本期实际指标与上期实际指标对比，与本行业平均水平、先进水平对比。

[答案] ACE

第二节　工程变更管理

一、工程变更的范围

根据九部委发布的《标准施工招标文件》中的通用合同条款，工程变更包括以下五个方面：

（1）取消合同中任何一项工作，但被取消的工作不能转由建设单位或其他单位实施。

（2）改变合同工程的基线、标高、位置或尺寸。

（3）改变合同中任何一项工作的质量或其他特性。

（4）增加或减少合同中任何工作，为完成工程需要追加的额外工作。

（5）改变合同中任何一项工作的施工时间或改变已批准的施工工艺或顺序。

二、工程变更工作内容

（1）发包人提出变更：应通过工程师向承包人发出变更指示。

（2）变更估价。

监理人应与合同当事人商定或确定变更价格。变更价格应包括合理的利润，并应考虑承包人提出的合理化建议。

变更估价原则：

1）已标价工程量清单或预算书有相同项目的，按照相同项目的单价认定。

2）已标价工程量清单或预算书中无相同项目，但有类似项目的，参照类似项目的单价认定。

3）变更导致实际完成的变更工程量与已标价工程量清单或预算书中列明的该项目工程量

的变化幅度超过 <u>15%</u> 的，或已标价工程量清单或预算书中无相同项目及类似项单价的，按照合理的成本与利润构成的原则，由合同当事人按照合同约定方法确定变更工作的单价。

（3）暂估价。

暂估价是指招标文件中给定的，用于支付必然发生但暂时不能确定价格的专业服务、材料、设备专业工程的金额。暂估价的明细由合同当事人在专用合同条款中约定。

因发包人原因导致暂估价合同订立和履行迟延的，由此增加的费用和（或）延误的工期由发包人承担，并支付承包人合理的利润。

因承包人原因导致暂估价合同订立和履行迟延的，由此增加的费用和（或）延误的工期由承包人承担。

（4）暂列金额。

暂列金额是指招标文件中给定的，用于在签订协议书时尚未确定或不可预见变更的设计、施工及其所需材料、工程设备、服务等的金额，包括以计日工方式支付的金额。暂列金额应按照发包人的要求使用，发包人的要求应通过工程师发出。

（5）计日工。

计日工是指对零星工作采取的一种计价方式，按合同中的计日工子目及其单价计价付款。

需要采用计日工方式的，经发包人同意后，由工程师通知承包人以计日工计价方式实施相应的工作，其价款按列入已标价工程量清单或预算书中的计日工计价项目及其单价进行计算；已标价工程量清单或预算书中无相应的计日工单价的，按照合理的成本与利润构成的原则，由合同当事人按照合同约定办法确定计日工的单价。

典型例题

［例题 1·单选］对施工合同变更的估价，已标价工程量清单或预算书中无相同项目及类似项目的单价，监理工程师确定承包人提出变更单价时，应按照（　　）原则。

A. 固定总价　　　　　　　B. 固定单价　　　　　　C. 可调单价　　　　　　D. 成本加利润

［解析］除专用合同条款另有约定外，变更估价按照下述约定处理：①已标价工程量清单或预算书有相同项目的，按照相同项目单价认定；②已标价工程量清单或预算书中无相同项目，但有类似项目的，参照类似项目的单价认定；③变更导致实际完成的变更工程量与已标价工程量清单或预算书中列明的该项目工程量的变化幅度超过 15% 的，或已标价工程量清单或预算书中无相同项目及类似项目单价的，按照合理的成本与利润构成的原则，由合同当事人按照合同约定方法确定变更工作的单价。

［答案］D

［例题 2·多选］根据《标准施工招标文件》工程变更的情形有（　　）。

A. 改变合同中某项工作的质量　　　　　　B. 改变合同工程原定的位置

C. 改变合同中已批准的施工顺序　　　　　D. 为完成工程需要追加的额外工作

E. 取消某项工作改由建设单位自行完成

［解析］工程变更包括以下五个方面：①取消合同中任何一项工作，但被取消的工作不能转由建设单位或其他单位实施；②改变合同中任何一项工作的质量或其他特性；③改变合同工程的基线、标高、位置或尺寸；④改变合同中任何一项工作的施工时间或改变已批准的施工工艺或顺序；⑤为完成工程需要追加的额外工作。

［答案］ABCD

第三节　工程索赔管理

一、工程索赔产生的原因

（一）业主方（包括建设单位和监理工程师）违约

在工程实施过程中，由于建设单位或监理人没有尽到合同义务，导致索赔事件发生。

（二）工程环境的变化

工程环境的变化如材料价格和人工工日单价的大幅度上涨；国家法令的修改；货币贬值；外汇汇率变化等。

（三）不可抗力或不利的物质条件

（1）不可抗力又可以分为自然事件和社会事件。

自然事件主要是工程施工过程中不可避免发生并不能克服的自然灾害，包括地震、海啸、瘟疫、水灾等；社会事件则包括国家政策、法律、法令的变更，战争、罢工等。

（2）不利的物质条件通常是指承包人在施工现场遇到的不可预见的自然物质条件、非自然的物质障碍和污染物，包括地下和水文条件。

（四）合同缺陷

合同缺陷表现为合同文件规定不严谨甚至矛盾、合同条款遗漏或错误，设计图纸错误造成设计修改、工程返工、窝工等。

（五）合同变更

合同变更也有可能导致索赔事件发生，如：建设单位指令增加、减少工作量，增加新的工程，提高设计标准、质量标准；由于非施工承包单位原因，建设单位指令中止工程施工；建设单位要求施工承包单位采取加速措施，其原因是非施工承包单位责任的工程拖延，或建设单位希望在合同工期前交付工程；建设单位要求修改施工方案，打乱施工顺序；建设单位要求施工承包单位完成合同规定以外的义务或工作。

二、工程索赔的分类

工程索赔的分类见表 7-3-1。

表 7-3-1　工程索赔的分类

分类标准	内容
按索赔的合同依据	分为合同中明示的索赔和合同中默示的索赔
按索赔的目的	分为工期索赔和费用索赔
按索赔事件的性质	分为工期延误索赔、工程变更索赔、合同终止的索赔、加速施工索赔合同约定外风险索赔、其他索赔
按照《建设工程工程量清单计价规范》（GB 50500—2013）规定分类	（1）分为法律法规变化、工程变更、项目特征不符、工程量清单缺项、工程量偏差、计日工、物价变化、暂估价、不可抗力、提前竣工（赶工补偿）、误期赔偿、索赔、现场签证，暂列金额以及发承包双方约定的其他调整事项等共计 15 种事项 （2）法律法规变化引起的价格调整主要是指合同基准日期后，法律法规变化导致承包人在合同履行过程中所需要的费用发生除（市场价格波动引起的调整）约定以外的：①增加时，由发包人承担由此增加的费用；②减少时，应从合同价格中予以扣减

续表

分类标准	内容
按照《建设工程工程量清单计价规范》（GB 50500—2013）规定分类	（3）基准日期后，因法律变化造成工期延误时，工期应予以顺延。因承包人原因造成工期延误，在工期延误期间出现法律变化的，由此增加的费用和（或）延误的工期由承包人承担

三、工程索赔的结果

工程发承包双方索赔的原因、责任主体不同，工程索赔的结果也就不尽相同。按照《建设工程施工合同（示范文本）》（GF—2017—0201）中的通用合同条款中，引起承包人索赔的事件以及可能得到的合理补偿内容见表 7-3-2。

表 7-3-2　承包人的索赔事件及可补偿内容

序号	条款号	索赔事件	可补偿内容 工期	可补偿内容 费用	可补偿内容 利润
1	1.6.1	延迟提供图纸	√	√	√
2	1.9	施工中发现文物、古迹	√	√	
3	2.4.1	延迟提供施工场地	√	√	√
4	7.6	施工中遇到不利物质条件	√	√	
5	8.1	提前向承包人提供材料、工程设备		√	
6	8.3.1	发包人提供材料、工程设备不合格或延迟提供或变更交货地点	√	√	√
7	7.4	承包人依据发包人提供的错误资料导致测量放线错误	√	√	√
8	6.1.9.1	因发包人原因造成承包人人员工伤事故		√	
9	7.5.1	因发包人原因造成工期延误	√	√	√
10	7.7	异常恶劣的气候条件导致工期延误	√		
11	7.9	承包人提前竣工		√	
12	7.8.1	发包人暂停施工造成工期延误	√	√	√
13	7.8.6	工程暂停后因发包人原因无法按时复工	√	√	√
14	5.1.2	因发包人原因导致承包人工程返工	√	√	√
15	5.2.3	工程师对已经覆盖的隐蔽工程要求重新检查且检查结果合格	√	√	√
16	5.4.2	因发包人提供的材料、工程设备造成工程不合格	√	√	
17	5.3.3	承包人应工程师要求对材料、工程设备和工程重新检验且检验结果合格	√	√	√
18	11.2	基准日后法律的变化		√	
19	13.4.2	发包人在工程竣工前提前占用工程	√	√	√
20	13.3.2	因发包人的原因导致工程试运行失败		√	√
21	15.2.2	工程移交后因发包人原因出现新的缺陷或损坏的修复		√	√
22	13.3.2	工程移交后因发包人原因出现的缺陷修复后的试验和试运行		√	
23	17.3.2 (6)	因不可抗力停工期间应工程师要求照管、清理、修复工程		√	
24	17.3.2 (4)	因不可抗力造成工期延误	√		
25	16.1.1 (5)	因发包人违约导致承包人暂停施工	√	√	√

· 180 ·

四、工程索赔的依据和成立的条件

(一) 索赔的依据

(1) 国家法律、法规。

(2) 工程建设强制性标准。

(3) 工程施工合同文件。

(4) 工程施工合同履行过程中与索赔事件有关的各种凭证。

(二) 索赔成立的条件

当合同一方向另一方提出索赔时，应有正当的索赔理由和有效证据，并应符合合同的相关约定。由此可得出任何索赔事件成立必须满足三个条件：

(1) 索赔事件已造成了承包人直接经济损失或工期延误。

(2) 造成费用增加或工期延误的索赔事件是非因承包人的原因发生的。

(3) 承包人已经按照工程施工合同规定的期限和程序提交了索赔意向通知、索赔报告及相关证明材料。

五、工程索赔的计算

(一) 费用索赔的计算

在索赔事件中，对于不同原因引起的索赔，承包人可索赔的具体费用内容不尽相同。索赔费用的要素通常也和造价构成相似，包括：人工费、材料费、施工机具使用费、分包费、施工管理费、利息、利润、保险费等。索赔各要素费用的计算见表7-3-3。

表 7-3-3 索赔各要素费用的计算

要素	具体内容
人工费	非因承包商原因导致工程停工的人员窝工费和工资上涨费等在计算停工损失的人工费时，通常采用人工单价乘以折算系数计算
材料费	由于发包人原因导致工程延期期间的材料价格上涨和超期储存费用，材料费中应包括运输费、仓储费以及合理的损耗费用
	由于承包商管理不善造成材料损坏、失效，则不能列入索赔款项内
施工机具使用费	因非承包人原因导致工效降低所增加的机具使用费，由于发包人或工程师指令错误或迟延导致机械停工的台班停滞费
现场管理费	现场管理费的索赔包括承包人完成合同之外的额外工作以及由于发包人原因导致工期延期期间的现场管理费，包括管理人员工资、办公费、通信费、交通费等
总部(企业)管理费	由于发包人原因导致工程延期期间所增加的承包人向公司总部提交的管理费，包括总部职工工资、办公大楼折旧、办公用品、财务管理、通信设施以及总部领导人员赴工地检查指导工作等开支
保险费	因发包人原因导致工程延期时，承包人必须办理工程保险、施工人员意外伤害保险等各项保险的延期手续
保函手续费	因发包人原因导致工程延期时，承包人必须办理相关履约保函的延期手续，对于由此而增加的手续费
利息	发包人拖延支付工程款利息，发包人迟延退还工程质量保证金的利息，承包人垫资施工的垫资利息，发包人错误扣款的利息等

续表

要素	具体内容
利润	由于工程范围的变更、发包人提供的文件有缺陷或错误、发包人未能提供施工场地以及因发包人违约导致的合同终止等事件引起的索赔，承包人都可以列入利润。另外，对于因发包人原因暂停施工导致的工期延误，承包人也有权要求发包人支付合理的利润
分包费用	由于发包人的原因导致分包工程费用增加时，分包人只能向总承包人提出索赔，但分包人的索赔款项应当列入总承包人对发包人的索赔款项中

索赔费用的计算应以赔偿实际损失为原则，包括直接损失和间接损失。

索赔费用的计算方法最容易被发承包双方接受的是实际费用法。

[例题] 某施工合同约定人工工资为 200 元/工日，窝工补贴按人工工资的 25% 计算，在施工过程中发生了如下事件：①出现异常恶劣天气导致工程停工 2 天，人员窝工 20 个工日；②因恶劣天气导致场外道路中断，抢修道路用工 20 个工日；③几天后，场外停电，停工 1 天，人员窝工 10 个工日。承包人可向发包人索赔的人工费为多少元？

解：各事件处理结果如下：

（1）异常恶劣天气导致的停工通常不能进行费用索赔。

（2）抢修道路用工的索赔额：20×200＝4000（元）。

（3）停电导致的索赔额：10×200×25%＝500（元）。

总索赔费用＝4000＋500＝4500（元）。

（二）工期索赔的计算

1. 工期索赔中应当注意的问题

（1）划清施工进度拖延的责任。

（2）被延误的工作应是处于施工进度计划关键线路上的施工内容。

2. 工期索赔的计算方法

（1）直接法。

（2）比例计算法。

（3）网络图分析法。

3. 共同延误的处理

在实际施工过程中，工期拖期往往是两、三种原因同时发生或相互作用而形成的，所以称为"共同延误"。在这种情况下，要具体分析哪一种情况延误是有效的，应依据以下原则：

首先判断造成拖期的哪一种原因是最先发生的，即确定"初始延误"者，"初始延误"者对工程拖期负责。初始延误发生作用期间，其他并发延误情况的延误者不承担拖期责任，见表 7-3-4。

表 7-3-4　延误期内承包人可索赔内容

"初始延误"者	延误期内承包人可索赔内容
发包人原因	承包人既可得到工期延长，又可得到经济补偿
客观原因	承包人可以得到工期延长，但很难得到费用补偿
承包人原因	承包人既不能得到工期补偿，也不能得到费用补偿

典型例题

[例题1·单选] 因不可抗力造成的下列损失，应由承包人承担的是（　　）。

A. 工程所需清理、修复费用

B. 运至施工场地待安装设备的损失

C. 承包人的施工机械设备损坏及停工损失

D. 停工期间，发包人要求承包人留在工地的保卫人员费用

[解析] 承包人的施工机械设备损坏及停工损失，由承包人承担。

[答案] C

[例题2·单选] 根据《标准施工招标文件》（2007年版）通用合同条款，下列引起承包人索赔的事件中，只能获得工期补偿的是（　　）。

A. 发包人提前向承包人提供材料和工程设备

B. 工程暂停后因发包人原因导致无法按时复工

C. 因发包人原因导致工程试运行失败

D. 异常恶劣的气候条件导致工期延误

[解析] 异常恶劣的气候条件导致工期延误是属于不可抗力，只索赔工期。

[答案] D

[例题3·单选] 某工程施工过程中发生如下事件：①因异常恶劣气候条件导致工程停工2天，人员窝工20个工日；②遇到不利地质条件导致工程停工1天，人员窝工10个工日，处理不利地质条件用工15个工日。若人工工资为200元/工日，窝工补贴为100元/工日，不考虑其他因素。施工企业可向业主索赔的工期和费用分别是（　　）。

A. 3天，6000元 　　　　　　　　　B. 1天，3000元

C. 3天，4000元 　　　　　　　　　D. 1天，4000元

[解析] 发包人、承包人人员伤亡由其所在单位负责，并承担相应费用。工期的处理，因发生不可抗力事件导致工期延误的，工期相应顺延。不利的地质条件是承包人无法预测。所以施工企业可以索赔异常恶劣气候条件导致工程停工2天，可以索赔，但是窝工费用不索赔，不利地质条件导致工程停工发包人既需要承担工期，又承担费用。所以工期为3天。费用为 $10 \times 100 + 15 \times 200 = 4000$（元）。

[答案] C

[例题4·单选] 某工程项目施工合同约定竣工时间为2018年12月30日，合同实施过程中因承包人施工质量不合格导致总工期延误了2个月，2019年1月项目所在地政府出台了新政策，导致承包人计入总造价的增值税增加了20万元，以下说法正确的是（　　）。

A. 由承包人与发包人共同承担，理由是国家政策变化，非承包人责任

B. 由发包人承担，理由是国家政策变化，承包人没有义务

C. 由承包人承担，理由是承包人责任导致工期延期，进而导致增值税增加

D. 由发包人承担，承包人承担质量问题责任，发包人承担政策变化责任

[解析] 因承包人原因造成工期延误，在工期延误期间出现法律变化的，由此增加的费用和（或）延误的工期由承包人承担。

[答案] C

[例题5·多选] 工期索赔中期延误的处理原则主要有（　　）[2020真题]

A. 首先判断哪种延误为初始延误，应初始延误责任方对工程拖期负责

B. 如果初始延误责任方为发包人，承包人可得到工期延长和经济补偿

C. 如果初始延误是客观原因，承包人可得到工期延长，但很难得到费用补偿

D. 如果初始延误责任方为承包人，承包人不能得到工期延长和经济补偿

E. 在初始延误影响期间，其他并发的延误责任方应承担拖期责任

[解析] 在实际施工过程中，工期拖期很少是只由一方造成的，往往是两、三种原因同时发生（或相互作用）而形成的，故称为"共同延误"。在这种情况下，要具体分析哪一种情况延误是有效的，应依据以下原则：①首先判断造成拖期的哪一种原因是最先发生的，即确定"初始延误"者，它应对工程拖期负责。在初始延误发生作用期间，其他并发的延误者不承担拖期责任。②如果初始延误者是发包人原因，则在发包人原因造成的延误期内，承包人既可得到工期延长，又可得到经济补偿。③如果初始延误者是客观原因，则在客观因素发生影响的延误期内，承包人可以得到工期延长，但很难得到费用补偿。④如果初始延误者是承包人原因，则在承包人原因造成的延误期内，承包人既不能得到工期补偿，也不能得到费用补偿。

[答案] ABCD

[例题6·多选] 下列索赔事件引起的费用索赔中，可以获得利润补偿的有（　　）。

A. 施工中发现文物　　　　　　　　　B. 延迟提供施工场地

C. 承包人提前竣工　　　　　　　　　D. 延迟提供图纸

E. 基准日后法律的变化

[解析] 本题考查的是工程索赔类合同价款调整事项。选项A只能索赔工期和费用；选项C只能索赔费用；选项E只能索赔费用。

[答案] BD

[例题7·多选] 根据索赔事件的性质不同，可以将工程索赔分为（　　）。

A. 工期索赔　　　　　　　　　　　　B. 费用索赔

C. 工程延期索赔　　　　　　　　　　D. 加速施工索赔

E. 合同终止的索赔

[解析] 按索赔事件的性质分类，工程索赔可分为工程延期索赔、工程变更索赔、合同被迫终止索赔、工程加速索赔、意外风险和不可预见因素索赔和其他索赔。按索赔的目的分类，工程索赔可分为工期索赔和费用索赔。

[答案] CDE

[例题8·多选] 根据《建设工程施工合同（示范文本）》（GF－2017－0201），因不可抗力事件导致的损失及增加的费用中，应由承包人承担的有（　　）。

A. 承包人在停工期间应发包人要求照管、清理和修复工程的费用

B. 不可抗力引起工期延误，发包人要求赶工的，由此增加的费用

C. 发包人的人员伤亡和财产的损失

D. 承包人的人员伤亡和财产的损失

E. 承包人施工设备的损坏

[解析] 不可抗力导致的人员伤亡、财产损失、费用增加和（或）工期延误等后果，由合同当事人按以下原则承担：①永久工程、已运至施工现场的材料和工程设备的损坏，以及因工程损坏造成的第三人人员伤亡和财产损失由发包人承担；②承包人施工设备的损坏由承包人承担；③发包人和承包人承担各自人员伤亡和财产的损失；④因不可抗力影响承包人履行合同约定的义务，已经引起或将引起工期延误的，应当顺延工期，由此导致承包人停工的费用损失由发包人和承包人合理分担，停工期间必须支付的工人工资由发包人承担；⑤因不可抗力引起或将引起工期延误，发包人要求赶工的，由此增加的赶工费用由发包人承担；⑥承包人在停工期间按照发包人要求照管、清理和修复工程的费用由发包人承担。

[答案] DE

第四节　工程计量和支付

一、工程计量

（一）工程计量的概念

工程计量是发承包双方按照合同约定，对承包人已经完成的合格工程进行计算并予以确认，是发包人支付工程价款的前提。工程计量不仅是发包人控制施工阶段工程造价的关键环节，也是约束承包人履行合同义务的重要手段。

（二）工程计量的原则

（1）工程量计量按照合同约定的工程量计算方法、范围、内容、单位等进行计量。

（2）对于不符合合同文件要求的工程，承包人超出施工图纸范围或因承包人原因造成返工的工程量，不予计量。

（3）因承包人原因造成的超出合同工程范围施工或返工的工程量，发包人不予计量。

（三）工程计量的范围与依据

工程计量的范围与依据具体内容见表 7-4-1。

表 7-4-1　工程计量的范围与依据

项目	内容
范围	（1）工程量清单及工程变更所修订的工程量清单的内容 （2）合同文件中规定的各种费用支付项目，如费用索赔、各种预付款、价格调整、违约金等
依据	工程量清单及说明、合同图纸、工程变更令及其修订的工程量清单、合同条件、技术规范、有关计量的补充协议、质量合格证书等

（四）工程计量的方法

工程计量可选择按月或按工程形象进度分段计量，具体计量周期在合同中约定。因承包人原因造成的超出合同工程范围施工或返工的工程量，发包人不予计量。

根据合同类型单价合同、总价合同计量方法不同。成本加酬金合同按照单价合同的计量规定进行计量。具体计量方法见表 7-4-2。

表 7-4-2　计量方法

合同类型	计量方法
单价合同	工程量必须以承包人完成合同工程应予计量的工程量确定。按照专业工程工程量计算规范的规定计算得到的工程量确定。施工中进行工程量计量时，当发现招标工程量清单中出现缺项、工程量偏差，或因工程变更引起工程量增减时，应按承包人在履行合同义务中完成的工程量计量
总价合同	采用工程量清单方式招标形成的总价合同，工程量应按照与单价合同相同的方式计算
	采用经审定批准的施工图纸及其预算方式发包形成的总价合同。除按照工程变更规定引起的工程量增减外，总价合同各项目的工程量是承包人用于结算的最终工程量

二、预付款

工程预付款是指发包人按照合同约定，在正式开工前预先支付给承包人，用于购买施工所需的材料和组织施工机械和人员进场的价款。预付款的具体内容见表 7-4-3。

表 7-4-3　预付款

项目		内容
预付款支付		工程预付款额度一般是根据施工工期、建筑安装工作量、主要材料和构件费用占建筑安装工程费的比例以及材料储备周期等因素经测算来确定
	百分比法	根据《建设工程价款结算暂行办法》的规定，预付款的比例原则上不低于合同金额（扣除暂列金额）的 10%，不高于合同金额（扣除暂列金额）的 30%
	公式计算法	工程预付款数额 $=\dfrac{\text{工程总价}\times\text{材料比例}（\%）}{\text{年度施工天数}}\times\text{材料储备定额天数}$
预付款扣回	起扣点计算法	从未完施工工程尚需的主要材料及构件的价值相当于工程预付款数额时起扣，从每次中间结算工程价款中，按材料及构件所占比重抵扣工程预付款，至竣工之前全部扣清
		起扣点计算公式：$T=P-\dfrac{M}{N}$ 式中，T——起扣点，即工程预付款开始扣回的累计已完成工程价值；P——承包工程合同总额；M——工程预付款数额；N——主要材料及构件所占比重
		该方法对承包人比较有利，最大限度地占用了发包人的流动资金，但是显然不利于发包人资金使用
	预付款担保	预付款担保是指承包人与发包人签订合同后领取预付款前，承包人正确、合理使用发包人支付的预付款而提供的担保
		（1）担保形式： 预付款担保的主要形式为银行保函 （2）担保金额： 预付款担保的担保金额通常与发包人的预付款是等值的。一般逐月从工程预付款中扣除，预付款担保的担保金额也相应逐月减少
安全文明施工费		发包人应在工程开工后的约定期限内预付不低于当年施工进度计划的安全文明施工费总额的 60%，其余部分按照提前安排的原则进行分解，与进度款同期支付

三、期中支付

（一）期中支付价款的计算

期中支付价款的计算内容见表 7-4-4。

表 7-4-4　期中支付价款的计算内容

项目	内容
已完工程结算价款	（1）已标价工程量清单中的单价项目，承包人应按工程计量确认的工程量与综合单价计算 （2）如综合单价发生调整的，以发承包双方确认调整的综合单价计算进度款
结算价款的调整	由发包人提供的材料、工程设备金额应按照发包人签约提供的单价和数量从进度款支付中扣出，列入本周期应扣减的金额中
进度款的支付比例	进度款的支付比例按照合同约定，按期中结算价款总额计，不低于60%，不高于90%

（二）期中支付的程序

期中支付的程序见表 7-4-5。

表 7-4-5　期中支付的程序

程序	工作内容
进度款支付申请	—
进度款支付证书	若发承包双方对有的清单项目的计量结果出现争议，发包人应对无争议部分的工程计量结果向承包人出具进度款支付证书
支付证书的修正	现已签发的任何支付证书有错、漏或重复的数额，发包人有权予以修正，承包人也有权提出修正申请

中典型例题中

[例题 1·单选] 下列文件和资料中，可作为建设工程工程量计量依据的是（　　）。

A. 造价管理机构发布的调价文件

B. 造价管理机构发布的价格信息

C. 质量合格证书

D. 各种预付款支付凭证

[解析] 工程计量的依据包括：工程量清单及说明；合同图纸；工程变更令及其修订的工程量清单；合同条件；技术规范；有关计量的补充协议；质量合格证书等。

[答案] C

[例题 2·单选] 关于工程计量的方法，下列说法正确的是（　　）。

A. 按照合同文件中规定的工程量予以计量

B. 不符合合同文件要求的工程不予计量

C. 单价合同工程量必须按现行定额规定的工程量计算规则计量

D. 总价合同项目的工程量是予以计量的最终工程量

[解析] 工程计量的原则包括下列三个方面：①不符合合同文件要求的工程不予计量；②按合同文件所规定的方法、范围、内容和单位计量；③因承包人原因造成的超出合同工程范围施工或返工的工程量，发包人不予计量。

[答案] B

[例题 3·单选] 施工合同履行期间，下列不属于工程计量范围的是（　　）。

A. 工程变更修改的工程量清单内容

B. 合同文件中规定的各种费用支付项目

C. 暂列金额中的专业工程

D. 擅自超出施工图纸施工的工程

[解析] 工程计量的范围包括：工程量清单及工程变更所修订的工程量清单的内容；合同文件中规定的各种费用支付项目，如费用索赔、各种预付款、价格调整、违约金等。

[答案] D

[例题4·单选] 根据《建设工程工程量清单计价规范》（GB 50500—2013），发包人应在工程开工后的约定期限内预付不低于（   ）的当年施工进度计划的安全文明施工费总额。

A. 10%

B. 30%

C. 40%

D. 60%

[解析] 发包人应在工程开工后的约定期限内预付不低于当年施工进度计划的安全文明施工费总额的60%，其余部分按照提前安排的原则进行分解，与进度款同期支付。

[答案] D

[例题5·单选] 关于施工合同工程预付款，下列说法中正确的是（   ）。

A. 承包人预付款的担保金额通常高于发包人的预付款

B. 采用起扣点计算法抵扣预付款对承包人比较不利

C. 预付款的担保金额不会随着预付款的扣回而减少

D. 预付款的额度通常与主要材料和构件费用占建安费的比例相关

[解析] 预付款担保的担保金额通常与发包人的预付款是等值的，选项A错误。起扣点计算法对承包人比较有利，最大限度地占用了发包人的流动资金，但是，显然不利于发包人资金使用，选项B错误。预付款一般逐月从工程进度款中扣除，预付款担保的担保金额也相应逐月减少，选项C错误。

[答案] D

[例题6·单选] 关于施工合同工程价款的期中支付，下列说法中正确的是（   ）。

A. 期中进度款的支付比例，一般不低于期中价款总额的60%

B. 期中进度款的支付比例，一般不高于期中价款总额的80%

C. 综合单价发生调整的项目，其增减费在竣工结算时一并结算

D. 发承包双方如对部分计量结果存在争议，等待争议解决后再支付全部进度款

[解析] 进度款的支付比例按照合同约定，按期中结算价款总额计，不低于60%，不高于90%，选项A正确，选项B错误。综合单价发生调整的，以发承包双方确认调整的综合单价计算进度款，选项C错误。若发、承包双方对有的清单项目的计量结果出现争议，发包人应对无争议部分的工程计量结果向承包人出具进度款支付证书，选项D错误。

[答案] A

[例题7·单选] 某工程合同总价为5000万元，合同工期为180天，材料费占合同总价的60%，材料储备定额天数为25天，材料供应在途天数为5天，用公式计算法来得该工程的预付款为（   ）万元。

A. 417

B. 500

C. 694

D. 833

〔解析〕工程预付款额数＝5000×0.6/180×25＝417（万元）。

〔答案〕A

〔**例题8·单选**〕在预付款的支付计算中，采用起扣点计算法扣回预付款的正确做法是（　　）。

A. 从已完工程的累计合同额相当于工程预付款数额时起扣

B. 从已完工程所用的主要材料及构件的价值相当于工程预付款数额时起扣

C. 从未完工程所需的主要材料及构件的价值相当于工程预付款数额时起扣

D. 从未完工程的剩余合同额相当于工程预付款数额时起扣

〔解析〕起扣点计算法，从未施工工程尚需的主要材料及构件的价值相当于工程预付款数额时起扣。

〔答案〕C

〔**例题9·单选**〕进度款的支付比例按照合同约定，按期中结算价款总额计，通常的支付比例为（　　）。

A. 不低于50%，不高于80%

B. 不低于70%，不高于90%

C. 不低于60%，不高于90%

D. 不低于60%，不高于80%

〔解析〕进度款的支付比例按照合同约定，按期中结算价款总额计，不低于60%，不高于90%。

〔答案〕C

第五节　工程结算

一、工程竣工结算的编制和审核

单位工程竣工结算由承包人编制，发包人审查；实行总承包的工程，由具体承包人编制，在总包人审查的基础上，发包人审查。工程竣工结算的编制和审核的具体内容见表7-5-1。

表7-5-1　工程竣工结算的编制和审核

项目	内容
编制依据	（1）建设工程工程量清单计价规范以及各专业工程工程量清单计算规范 （2）工程合同 （3）发承包双方实施过程中已确认的工程量及其结算的合同价款 （4）发承包双方实施过程中已确认调整后追加（减）的合同价款 （5）建设工程设计文件及相关资料 （6）投标文件 （7）其他依据

续表

项目	内容
计价原则	（1）分部分项工程和措施项目中的单价项目应依据双方确认的工程量与已标价工程量清单的综合单价计算；如发生调整的，以发承包双方确认调整的综合单价计算 （2）措施项目中的总价项目应依据合同约定的项目和金额计算；如发生调整的，以发承包双方确认调整的金额计算，其中安全文明施工费必须按照国家或省级、行业建设主管部门的规定计算 （3）其他项目应按下列规定计价： 　1）计日工应按发包人实际签证确认的事项计算 　2）暂估价应按发承包双方按照《建设工程工程量清单计价规范》（GB 50500—2013）的相关规定计算 　3）总承包服务费应依据合同约定金额计算，如发生调整的，以发承包双方确认调整的金额计算 　4）施工索赔费用应依据发承包双方确认的索赔事项和金额计算 　5）现场签证费用应依据发承包双方签证资料确认的金额计算 　6）暂列金额应减去工程价款调整（包括索赔、现场签证）金额计算，如有余额归发包人 （4）规费和增值税应按照国家或省级、行业建设主管部门的规定计算
竣工结算审核	工程竣工结算审查期限如下： <table><tr><td>工程竣工结算 报告金额</td><td>审查时限 （从接到竣工结算报告和完整的竣工结算资料之日起）</td></tr><tr><td>500 万元以下</td><td>20 天</td></tr><tr><td>500～2000 万元</td><td>30 天</td></tr><tr><td>2000～5000 万元</td><td>45 天</td></tr><tr><td>5000 万元以上</td><td>60 天</td></tr></table>建设项目竣工总结算在最后一个单项工程竣工结算审查确认后 15 天内汇总，送发包人后 30 天内审查完成

二、竣工结算款的支付

发包人未按照规定的程序支付竣工结算款的，承包人可催告发包人支付，并有权获得延迟支付的利息。

三、合同解除的价款结算与支付

合同解除的价款结算与支付的相关内容见表 7-5-2。

表 7-5-2　合同解除的价款结算与支付

合同解除类型	价款结算方式
发承包双方协商一致解除合同	按照达成的协议办理结算和支付合同价款
由于不可抗力解除合同	发包人除应向承包人支付合同解除之日前已完成工程但尚未支付的合同价款，还应支付下列金额： （1）合同中约定应由发包人承担的费用 （2）已实施或部分实施的措施项目应付价款 （3）承包人为合同工程合理订购且已交付的材料和工程设备货款。发包人一经支付此项货款，该材料和工程设备即成为发包人的财产
由于不可抗力解除合同	（4）承包人撤离现场所需的合理费用，包括员工遣送费和临时工程拆除、施工设备运离现场的费用 （5）承包人为完成合同工程而预期开支的任何合理费用，且该项费用未包括在本款其他各项支付之内

续表

合同解除类型	价款结算方式
违约解除合同	（1）因承包人违约解除合同的，发包人应暂停向承包人支付任何价款 （2）因发包人违约解除合同的，发包人除应按照有关不可抗力解除合同的规定向承包人支付各项价款外，还需按合同约定核算发包人应支付的违约金以及给承包人造成损失或损害的索赔金额费用

四、最终结清

最终结清的相关内容见表 7-5-3。

表 7-5-3　最终结清的相关内容

项目	内容
概念	最终结清是指合同约定的缺陷责任期满后，承包人已按合同约定完成全部剩余工作并且质量合格，发包人与承包人结清全部剩余款项的活动
最终结清申请单	缺陷责任期满后，承包人已按合同规定完成全部剩余工作且质量合格的，发包人签发缺陷责任期终止证书，承包人可按合同约定的份数和期限向发包人提交最终结清申请单，并提供相关证明材料，详细说明承包人根据合同规定已经完成的全部工程价款金额以及承包人认为根据合同规定应进一步支付给他的其他款项
最终支付证书	发包人收到承包人提交的最终结清申请单后的，规定时间内予以核实，向承包人签发最终支付证书
最终结清付款	（1）发包人应在签发最终结清支付证书后的规定时间内，按照最终结清支付证书列明的金额向承包人支付最终结清款。最终结清付款后，承包人在合同内享有的索赔权利也自行终止 （2）最终结清时，如果承包人被扣留的质量保证金不足以抵减发包人工程缺陷修复费用的，承包人应承担不足部分的补偿责任 （3）最终结清付款涉及政府投资资金的，按照国库集中支付等国家相关规定和专用合同条款的约定办理

五、工程质量保证金的处理

工程质量保证金的处理具体内容见表 7-5-4。

表 7-5-4　工程质量保证金的处理

内容	要求
概念	（1）工程质量保证金（保修金）是指发包人与承包人在建设工程承包合同中约定，从应付的工程款中预留，用以保证承包人在缺陷责任期内对建设工程出现的缺陷进行维修的资金 （2）缺陷责任期是指承包人按照合同约定承担缺陷修复义务，且发包人预留质量保证金（已缴纳履约保证金的除外）的期限，自工程通过竣工验收之日起计算 （3）缺陷责任期一般为 1 年，最长不超过 2 年，由发承包双方在合同中约定
质量保证金预留及管理	（1）发包人应按照合同约定方式预留质量保证金，发包人累计扣留的质量保证金不得超过工程价款结算总额的 3%。合同约定由承包人以银行保函替代预留保证金的，保函金额不得高于工程价款结算总额的 3% （2）在工程项目竣工前，已经缴纳履约保证金的，发包人不得同时预留质量保证金 （3）缺陷责任期内，由于承包人原因造成的缺陷，承包人应负责维修，并承担鉴定及维修费用 （4）由他人原因造成的缺陷，发包人负责组织维修，承包人不承担费用，且发包人不得从保证金中扣除费用

典型例题

[例题1·单选] 在工程竣工结算的编制和审核过程中，单位工程竣工结算的审查人是（   ）。

A. 监理人
B. 发包人
C. 工程师
D. 工程造价咨询机构

[解析] 单位工程竣工结算由承包人编制，发包人审查；实行总承包的工程，由具体承包人编制，在总包人审查的基础上，发包人审查。

[答案] B

[例题2·单选] 因不可抗力解除合同的，发包人不应向承包人支付的费用是（   ）。

A. 临时工程拆除费
B. 承包人未交付材料的货款
C. 已实施的措施项目应付价款
D. 承包人施工设备运离现场的费用

[解析] 因不可抗力解除合同的，承包人未交付材料的货款不属于发包人不应向承包人支付的费用。

[答案] B

[例题3·单选] 关于最终结清，下列说法中正确的是（   ）。

A. 最终结清是在工程保修期满后对剩余质量保证金的最终结清
B. 最终结清支付证书一经签发，承包人对合同内享有的索赔权立即自行终止
C. 质量保证金不足以抵减发包人工程缺陷修复费用的，应按合同约定的争议解决方式处理
D. 最终结清付款涉及政府投资的，应按国家集中支付相关规定和专用合同条款约定办理

[解析] 最终结清是指合同约定的缺陷责任期满后，承包人已按合同约定完成全部剩余工作并且质量合格，发包人与承包人结清全部剩余款项的活动，选项A错误。最终结清付款后，承包人在合同内享有的索赔权利也自行终止，选项B错误。最终结清时，如果承包人被扣留的质量保证金不足以抵减发包人工程缺陷修复费用的，承包人应承担不足部分的补偿责任。最终结清付款涉及政府投资资金的，按照国库集中支付等国家相关规定和专用合同条款的约定办理。

[答案] D

[例题4·单选] 建设工程最终结算的工作事项和时间节点包括：①提交最终结算申请单；②签发最终结清支付证书；③签发缺陷责任期终止证书；④最终结清付款；⑤缺陷责任期终止。以上按时间先后顺序排列正确的是（   ）。

A. ⑤③①②④
B. ①②④⑤③
C. ③①②④⑤
D. ①③②⑤④

[解析] 缺陷责任期终止后，承包人已按合同规定完成全部剩余工作且质量合格的，发包人签发缺陷责任期终止证书，承包人可按合同约定的份数和期限向发包人提交最终结清申请单，并提供相关证明材料，详细说明承包人根据合同规定已经完成的全部工程价款金额以及承包人认为根据合同规定应进一步支付给他的其他款项。之后是最终支付证书和最终结清付款。

[答案] A

［**例题 5·单选**］建设工程在缺陷责任期内，由他人原因造成的缺陷（　　）。

A. 应由承包人负责维修，费用从质量保证金中扣除

B. 应有承包人负责维修，费用由发包人承担

C. 发包人委托承包人维修的，费用由第三方支付

D. 发包人委托承包人维修的，费用由发包人支付

［**解析**］由他人原因造成的缺陷，发包人负责维修，承包人不承担费用，且发包人不得从保证金中扣除费用。如发包人委托承包人维修的，发包人应该支付相应的维修费用。

［**答案**］D

［**例题 6·单选**］按照合同约定方式预留质量保证金，保证金预留比例不得高于工程价款结算总额的（　　）。

A. 3%

B. 5%

C. 10%

D. 15%

［**解析**］保证金总预留比例不得高于工程价款结算总额的 3%。

［**答案**］A

［**例题 7·多选**］根据《建设工程工程量清单计价规范》（GB 50500—2013），关于工程竣工结算的计价原则，下列说法正确的有（　　）。

A. 计日工按发包人实际签证确认的事项计算

B. 总承包服务费依据合同约定金额计算，不得调整

C. 暂列金额应减去工程价款调整金额计算，余额归发包人

D. 规费和税金应按国家或省级、行业建设主管部门的规定计算

E. 总价措施项目应依据合同约定的项目和金额计算，不得调整

［**解析**］总承包服务费应依据合同约定金额计算，如发生调整的，以发承包双方确认调整的金额计算，选项 B 错误。采用总价合同的，应在合同总价基础上，对合同约定能调整的内容及超过合同约定范围的风险因素进行调整，选项 E 错误。

［**答案**］ACD

第六节　竣工决算

一、竣工决算的概念

项目竣工决算是指所有项目竣工后，项目单位按照国家有关规定在项目竣工验收阶段编制的竣工决算报告。竣工决算是以实物数量和货币指标为计量单位，综合反映竣工建设项目全部建设费用、建设成果和财务状况的总结性文件。

二、竣工决算的内容

竣工决算由竣工财务决算说明书、竣工财务决算报表、工程竣工图和工程竣工造价对比分析四部分组成。竣工决算具体内容见表 7-6-1。

表 7-6-1　建设工程竣工决算的内容

项目	具体内容
竣工财务决算说明书	其内容主要包括： （1）建设项目概况。一般从进度、质量、安全和造价方面进行分析说明 （2）会计账务的处理、财产物资清理及债权债务的清偿情况 （3）项目建设资金计划及到位情况，财政资金支出预算、投资计划及到位情况 （4）项目建设资金使用、项目结余资金等分配情况 （5）项目概（预）算执行情况及分析，竣工实际完成投资与概算差异及原因分析 （6）尾工工程情况 （7）历次审计、检查、审核、稽查意见及整改落实情况 （8）主要技术经济指标的分析、计算情况 （9）项目管理经验、主要问题和建议 （10）预备费动用情况 （11）项目建设管理制度执行情况、政府采购情况、合同履行情况 （12）征地拆迁补偿情况、移民安置情况 （13）需要说明的其他事项
竣工财务决算报表	其内容主要包括： （1）基本建设项目概况表 （2）基本建设项目竣工财务决算表 （3）基本建设项目交付使用资产总表 （4）基本建设项目资金使用情况明细表
建设工程竣工图	各项新建、扩建、改建的基本建设工程，特别是基础、地下建筑、管线、结构、井巷、桥梁、隧道、港口、水坝以及设备安装等隐蔽部位都要编制竣工图
工程造价对比分析	—

三、竣工决算的编制

竣工决算的编制程序分为前期准备、实施、完成和资料归档四个阶段。

四、竣工决算的审核

审核报告内容应当翔实，主要包括：审核说明、审核依据、审核结果、意见、建议。

五、新增资产价值的确定

新增固定资产价值是指投资项目竣工投产后所增加的固定资产价值，即交付使用的固定资产价值，是以价值形态表示建设项目的固定资产最终成果的指标。建设工程项目竣工后，造价工程师在竣工决算中的一项重要工作就是将所花费的总投资成相应的资产。

按照现行的财务制度和企业会计准则，新增资产按资产性质可分为固定资产、流动资产、无形资产和其他资产四大类。

（一）新增固定资产价值的确定方法

新增固定资产的价值是以独立发挥生产能力的单项工程为对象进行计算的。新增固定资产价值的确定方法见表 7-6-2。

表 7-6-2　新增固定资产价值的确定方法

项目	内容
注意事项	(1) 凡购置达到固定资产标准的，不需安装的设备、工器具，应在交付使用后计入新增固定资产价值 (2) 对于为了提高产品质量、改善劳动条件、节约材料消耗、保护环境而建设的附属辅助工程，只要全部建成，正式验收交付使用后即要计入新增固定资产价值 (3) 对于单项工程中虽不构成生产系统，但是能独立发挥效益的非生产性项目，如住宅、食堂、医务所、托儿所、生活服务网点等，在建成并交付使用后，也要计算新增固定资产价值 (4) 对属于新增固定资产价值的其他投资，应随同受益工程交付使用的同时一并计入新增固定资产价值 (5) 交付使用财产的成本，应按下列内容计算： 1) 房屋、建筑物、管道、线路等固定资产的成本，包括：建筑工程成果和待分摊的待摊投资 2) 动力设备和生产设备等固定资产的成本包括：需要安装设备的采购成本，安装工程成本，设基础支柱等建筑工程成本或砌筑锅炉及各种特殊炉的建筑工程成本，应分摊的待摊投资 3) 运输设备及其他不需要安装的设备、工具、器具、家具等固定资产一般仅计算采购成本，不计分摊
共同费用分摊方法	一般情况下，建设单位管理费按建筑工程、安装工程、需安装设备价值总额作比例分摊；土地征用费、地质勘察和建筑工程设计费等费用则按建筑工程造价比例分摊；生产工艺流程系统设计费按安装工程造价比例分摊

(二) 新增无形资产价值的确定方法

新增无形资产的计价方法见表 7-6-3。

表 7-6-3　新增无形资产的计价方法

无形资产	专利权	(1) 专利权包括自创和外购两类 (2) 自创专利权的价值为开发过程中的实际支出，主要包括专利的研制成本和交易成本 (3) 由于专利权是具有独占性并能带来超额利润的生产要素，因此，专利权转让价格不按成本估价，而是按照其所能带来的超额收益计价
	专有技术 (非专利技术)	(1) 对于外购专有技术，应由法定评估机构确认后再进行估价，其方法往往通过能产生的收益采用收益法进行估价 (2) 如果非专利技术是自创的，一般不作为无形资产入账，自创过程中发生的费用，按当期费用处理
	商标权	(1) 如果商标权是自创的，一般不作为无形资产入账 (2) 购入或转让商标根据被许可方新增的收益确定
	土地使用权	当建设单位向土地管理部门申请土地使用权并为之支付一笔出让金时，土地使用权作为无形资产核算；当建设单位获得土地使用权是通过行政划拨的，这时土地使用权就不能作为无形资产核算；在将土地使用权有偿转让、出租、抵押、作价入股和投资，按规定补交土地出让价款时，才作为无形资产核算

典型例题

[例题 1·单选] 下列竣工财务决算说明书的内容，一般在项目概况部分予以说明的是（　　）。

A. 项目资金计划及到位情况　　　　B. 项目进度、质量情况

C. 项目建设资金使用与结余情况　　D. 主要技术经济指标的分析、计算情况

[解析] 项目概况一般从进度、质量、安全和造价方面进行分析说明。进度方面主要说明开工和竣工时间，对照合理工期和要求工期分析是提前还是延期；质量方面主要根据竣工验收委员会或相当一级质量监督部门的验收评定等级、合格率和优良品率；安全方面主要根据劳动工资和施工部门的记录，对有无设备和人身事故进行说明；造价方面主要对照概算造价，说明节约或超支的情况，用金额和百分率进行分析说明。

[答案] B

[例题2·单选] 各项新建、扩建、改建的基本建设工程，特别是基础、地下建筑、管线、结构、井巷、桥梁、隧道、港口、水坝以及设备安装等隐蔽部位都要编制（　　）。

A. 总平面图　　　　　　　　　　　　　B. 竣工图

C. 施工图　　　　　　　　　　　　　　D. 交付使用资产明细表

[解析] 各项新建、扩建、改建的基本建设工程，特别是基础、地下建筑、管线、结构、井巷、桥梁、隧道、港口、水坝以及设备安装等隐蔽部位都要编制竣工图。为确保竣工图质量，必须在施工过程中（不能在竣工后）及时做好隐蔽工程检查记录，整理好设计变更文件。

[答案] B

[例题3·单选] 关于新增无形资产价值的确定与计价，下列说法中正确的是（　　）。

A. 企业接受捐赠的无形资产，按开发中的实际支出计价

B. 专利权转让价格按成本估计进行

C. 自创专有技术在自创中发生的费用按当期费用处理

D. 行政划拨的土地使用权作为无形资产核算

[解析] 如果专有技术是自创的，一般不作为无形资产入账，自创过程中发生的费用，按当期费用处理。

[答案] C

[例题4·多选] 关于新增固定资产价值的确定，下列说法中正确的有（　　）。

A. 动力设备及生产设备等固定资产成本包括：需安装设备的采购成本，安装工程成本，设备基础支柱等建筑工程成本或砌筑锅炉及各种特殊炉的建筑工程成本，应分摊的待摊投资

B. 运输设备的固定资产仅包括采购成本，不计分摊的"待摊投资"

C. 建设单位管理费仅按建筑工程、安装工程总额作比例分摊

D. 土地征用费按建筑工程造价比例分摊

E. 生产工艺流程系统设计费按安装工程及设备购置费总额比例分摊

[解析] 动力设备和生产设备等固定资产的成本包括：需要安装设备的采购成本，安装工程成本，设备基础支柱等建筑工程成本或砌筑锅炉及各种特殊炉的建筑工程成本，应分摊的待摊投资。运输设备及其他不需要安装的设备、工具、器具、家具等固定资产一般仅计算采购成本，不计分摊的"待摊投资"。建设单位管理费按建筑工程、安装工程、需安装设备价值总额作比例分摊，而土地征用费、地质勘察和建筑工程设计费等费用则按建筑工程造价比例分摊，生产工艺流程系统设计费按安装工程造价比例分摊。

[答案] ABD

[例题5·多选] 根据财政部、国家发改委、住建部的有关文件，竣工决算的组成文件包括（　　）。

A. 工程竣工验收报告　　　　　　　　　B. 工程竣工图

C. 设计概算施工图预算　　　　　　　　D. 工程竣工结算

E. 工程竣工造价对比分析

[解析] 竣工决算是由竣工财务决算说明书、竣工财务决算报表、工程竣工图和工程竣工造价对比分析四部分组成。

[答案] BE

◆ 同步强化训练

一、单项选择题（每题的备选项中，只有 1 个最符合题意）

1. 为核算施工成本，施工项目经理部应建立和健全以（　　）为对象的成本核算财务体系。

   A. 单位工程
   B. 单项工程
   C. 分部工程
   D. 分项工程

2. 成本分析、成本考核、成本核算是建设工程项目施工成本管理的重要环节，仅就此三项工作而言，其正确的工作流程是（　　）。

   A. 成本核算→成本分析→成本考核
   B. 成本分析→成本考核→成本核算
   C. 成本考核→成本核算→成本分析
   D. 成本分析→成本核算→成本考核

3. 由发包人提供的工程材料、工程设备金额，应在合同价款的期中支付和结算中予以扣除，具体的扣出标准是（　　）。

   A. 按签约单价和签约数量
   B. 按实际采购单价和实际数量
   C. 按签约单价和实际数量
   D. 按实际采购单价和签约数量

4. 下列施工成本管理方法中，能预测在建工程尚需成本数额，为后续工程施工成本和进度控制指明方向的方法是（　　）。

   A. 工期—成本同步分析法
   B. 价值工程法
   C. 挣值分析法
   D. 因素分析法

5. 关于施工成本管理各项工作之间的关系说法，正确的是（　　）。

   A. 成本计划能对成本控制的实施进行监督
   B. 成本核算是成本计划的基础
   C. 成本预算是实现成本目标的保证
   D. 成本分析为成本考核提供依据

6. 工程变更类合同价款调整事项中工程变更的范围不包括（　　）。

   A. 工程量清单缺项
   B. 改变合同中任何工作的质量标准或其他特性
   C. 改变工程的基线、标高、位置和尺寸
   D. 改变工程的时间安排或实施顺序

7. 完整的竣工决算所包含的内容是（　　）。

   A. 竣工财务决算说明书、竣工财务决算报表、工程竣工图、工程竣工造价对比分析
   B. 竣工财务决算报表、竣工决算、工程竣工图、工程竣工造价对比分析
   C. 竣工财务决算说明书、竣工决算、竣工验收报告、工程竣工造价对比分析
   D. 竣工财务决算报表、工程竣工图、工程竣工造价对比分析

8. 已知某单项工程预付备料款限额为 300 万元，主要材料款在合同总价中所占的比重为 60%，若该工程合同总价为 1000 万元，且各月完成工程量见表 7-T-1，则预付备料款应从（　　）起扣。

表 7-T-1　各月完成工程量

月份	1	2	3	4	5
工程量/m³	500	1000	1500	1500	500
合同价	100	200	300	300	100

   A. 5 月
   B. 4 月
   C. 3 月
   D. 2 月

9. 某工程计划外购商品混凝土 $3000m^3$，计划单价 420 元/m^3，实际采购 $3100m^3$，实际单价 450 元/m^3，则由于采购量增加而使外购商品混凝土成本增加（　　）万元。

  A. 4.2   B. 4.5   C. 9.0   D. 9.3

10. 竣工决算的核心内容是（　　）。

  A. 工程竣工图   B. 竣工财务决算

  C. 工程竣工造价对比分析   D. 竣工财务决算报表

11. 根据《建设工程工程量清单计价规范》(GB 50500—2013)，关于工程计量，下列说法中正确的是（　　）。

  A. 合同文件中规定的各种费用支付项目应予计量

  B. 因异常恶劣天气造成的返工工程量不予计量

  C. 成本加酬金合同应按照总价合同的计量规定进行计量

  D. 总价合同应按实际完成的工程量计算

12. 在用起扣点计算法扣回预付款时，起扣点计算公式为 $T=P-M/N$，则式中 N 是指（　　）。

  A. 工程预付款总额   B. 工程合同总额

  C. 主要材料及构件所占比重   D. 累计完成工程金额

13. 下列有关工程竣工结算的编制和审核的表述中，正确的是（　　）。

  A. 单价措施项目应依据招标工程量清单的工程量与已标价工程量清单的综合单价计算

  B. 计日工应按承包人提交的签证单的事项计算

  C. 暂列金额应减去工程价款调整金额计算，如有余额归承包人

  D. 发承包双方在合同工程实施过程中已经确认的工程计量结果和合同价款，在竣工结算办理中应直接进入结算

14. 关于建设工程竣工结算审核，下列说法中正确的是（　　）。

  A. 非国有企业投资的建设工程，不应委托工程造价咨询机构审核

  B. 国有资金投资的建设工程，应当委托工程造价咨询机构审核

  C. 承包人不同意造价咨询机构的结算审核结论时，造价咨询机构不得出具审核报告

  D. 工程造价咨询机构的核对结论与承包人竣工结算文件不一致的，以造价机构核对结论为准

15. 某施工现场有塔吊 1 台，由施工企业租得，台班单价 5000 元/台班，租赁费为 2000 元/台班，人工工资为 80 元/工日，窝工补贴 25 元/工日，以人工费和机械费合计为计算基础的综合费率为 30%，在施工过程中发生了如下事件：监理人对已经覆盖的隐藏工程要求重新检查且检查结果合格，配合用工 10 工日，塔吊 1 台班，为此，施工企业可向业主索赔的费用为（　　）元。

  A. 2250   B. 2925   C. 5800   D. 7540

16. 因不可抗力造成的损失，应由承包人承担的情形是（　　）。

  A. 因工程损害导致第三方财产损失

  B. 运至施工场地用于施工的材料的损害

  C. 承包人的停工损失

  D. 工程所需清理费用

17. 采用网络图分析法处理延误工期时，下列说法中正确的是（　　）。

  A. 只有在关键线路上的工作延误，才能索赔工期

  B. 非关键线路上的工作延误，不应索赔工期

C. 如延误的工作为关键工作，则延误的时间为工期索赔值

D. 该方法不适用于多种干扰事件共同作用所引起的工期索赔

18. 根据《标准施工招标文件》（2007 版）的合同通用条件，承包人通常只能获得费用补偿，但不能得到利润补偿和工期顺延的事件是（　　）。

A. 施工中遇到不利物质条件

B. 因发包人的原因导致工程试运行失败

C. 发包人更换其提供的不合格材料

D. 基准日后法律的变化

19. 根据《标准施工招标文件》（2007 年版）通用合同条款，下列引起承包人索赔的事件中，只能获得费用补偿的是（　　）。

A. 发包人提前向承包人提供材料、工程设备

B. 因发包人提供的材料、工程设备造成工程不合格

C. 发包人在工程竣工前提前占用工程

D. 异常恶劣的气候条件，导致工期延误

20. 关于施工合同履行过程中共同延误的处理原则，下列说法中正确的是（　　）。

A. 在初始延误发生作用期间，其他并发延误者按比例承担责任

B. 若初始延误者是发包人，则在其延误期内，承包人可得到经济补偿

C. 若初始延误者是客观原因，则在其延误期内，承包人不能得到经济补偿

D. 若初始延误者是承包人，则在其延误期内，承包人只能得到工期补偿

21. 发承包人进行最终结清活动的时间通常是（　　）。

A. 接收证书颁发后　　　　　　　　　B. 竣工验收合格后

C. 合同约定的缺陷责任期终止后　　　D. 试运行结束后

22. 在保修期限内，下列缺陷或事故，应由承包人承担保修费用的是（　　）。

A. 发包人指定的分包人造成的质量缺陷

B. 由承包人采购的建筑构配件不符合质量要求

C. 使用人使用不当造成的损坏

D. 不可抗力造成的质量缺陷

23. 关于工程质量保证金，下列说法中正确的是（　　）。

A. 质量保证金总预留比例不得高于工程价款结算总额的 5%

B. 已经缴纳履约保证金的，不得同时预留质量保证金

C. 采用工程质量保证担保的，预留质保金不得高于合同价的 2%

D. 质量保证金的返还期限一般为 2 年

24. 基本建设项目完工可投入使用或者试运行合格后，应当在（　　）个月内编报竣工财务决算。

A. 1　　　　　　　　　　　　　　　B. 2

C. 3　　　　　　　　　　　　　　　D. 6

25. 发包人未按照规定的程序支付竣工结算款的，承包人正确的做法是（　　）。

A. 将该工程自主拍卖

B. 将该工程折价出售

C. 将该工程抵押贷款

D. 催告发包人支付，并索要延迟付款利息

二、**多项选择题**（每题的备选项中，有2个或2个以上符合题意，至少有1个错项）

1. 承包人应在每个计量周期到期后，向发包人提交已完工程进度款支付申请，支付申请包括的内容有（　　）。

   A. 累计已完成的合同价款　　　　　　　B. 本期合计完成的合同价款

   C. 本期合计应扣减的金额　　　　　　　D. 累计已调整的合同金额

   E. 预计下期将完成的合同价款

2. 施工合同签订后，工程项目施工成本计划的常用编制方法有（　　）。

   A. 专家意见法　　　　　　　　　　　　B. 功能指数法

   C. 目标利润法　　　　　　　　　　　　D. 技术进步法

   E. 定率估算法

3. 分部分项工程成本分析中，"三算对比"主要是进行（　　）的对比。

   A. 实际成本与投资估算　　　　　　　　B. 实际成本与预算成本

   C. 实际成本与竣工决算　　　　　　　　D. 实际成本与目标成本

   E. 施工预算与设计概算

4. 施工成本管理中，企业对项目经理部可控责任成本进行考核的指标有（　　）。

   A. 直接成本降低率　　　　　　　　　　B. 预算总成本降低率

   C. 责任目标总成本降低率　　　　　　　D. 施工责任目标成本实际降低率

   E. 施工计划成本实际降低率

5. 建设项目竣工决算的内容包括（　　）。

   A. 竣工财务决算报表　　　　　　　　　B. 竣工财务决算说明书

   C. 投标报价书　　　　　　　　　　　　D. 工程竣工图

   E. 工程造价比较分析

6. 某施工合同约定，现场主导施工机械1台，由承包人租得，台班单价为200元/台班，租赁费100元/天，人工工资为50元/工日，窝工补贴20元/工日，以人工费和机械费为基数的综合费率为30%。在施工过程中，发生了如下事件：①遇异常恶劣天气导致停工2天，人员窝工30工日，机械窝工2天；②发包人增加合同工作，用工20工日，使用机械1台班；③场外大范围停电致停工1天，人员窝工20工日，机械窝工1天。据此，下列选项正确的有（　　）。

   A. 因异常恶劣天气停工可得的费用索赔额为800元

   B. 因异常恶劣天气停工可得的费用索赔额为1040元

   C. 因发包人增加合同工作，承包人可得的费用索赔额为1560元

   D. 因停电所致停工，承包人可得的费用索赔额为500元

   E. 承包人可得的总索赔费用为2500元

7. 根据《建设工程施工合同（示范文本）》的规定，承包人可以获得"工期＋费用"补偿的事件有（　　）。

   A. 基准日后法律的变化

   B. 施工中发现文物、古迹

   C. 发包人提供的材料、工程设备造成工程质量不合格

   D. 施工中遇到不利的物质条件

   E. 因不可抗力停工期间应工程师要求照管、清理、修复工程

8. 关于工程计量的原则，下列说法正确的有（　　）。

    A. 按照合同文件中规定的工程量予以确认

    B. 不符合合同文件要求的工程不予以计量

    C. 单价合同工程量必须按现行定额规定的工程量计算规则计量

    D. 总价合同项目的工程量是予以计量的最终工程量

    E. 因承包人原因造成的超出合同工程范围施工或返工的工程量，发包人不予计量

9. 下列对于不可抗力引起的合同解除，承包人可以提出的金额支付申请有（　　）。

    A. 发包人应向承包人收回的价款

    B. 已实施或部分实施的措施项目应付价款

    C. 承包人为合同工程合理订购且已交付的材料和工程设备货款

    D. 承包人撤离现场的合理费用

    E. 承包人为完成合同工程而预期开支的任何合理费用

10. 发包人对工程质量有异议，竣工结算仍应按合同约定办理的情形有（　　）。

    A. 工程已竣工验收的

    B. 工程已竣工未验收，但实际投入使用的

    C. 工程已竣工未验收，且未实际投入使用的

    D. 工程停建，对无质量争议的部分

    E. 工程停建，对有质量争议的部分

11. 采用工程量清单计价的工程，在办理建设工程结算时，工程量计算的原则和方法有（　　）。

    A. 不符合质量要求的工程不予计量

    B. 应按工程量清单计量规范的要求进行计量

    C. 无论何种原因，超出合同工程范围的工程均不予计量

    D. 因承包人原因造成的返工工程不予计量

    E. 应按合同的约定对承包人完成合同工程的数量进行计算和确认

12. 关于新增固定资产价值的确定，下列说法中正确的有（　　）。

    A. 以单位工程为对象计算

    B. 以验收合格、正式移交生产或使用为前提

    C. 分期分批将会生产的工程，按最后一批交付时间统一计算

    D. 包括达到固定资产标准不需要安装的设备和工器具的价值

    E. 是建设项目竣工投产后所增加的固定资产价值

13. 下列事件的发生，已经或将造成工期延误，则按照《标准施工招标文件》中相关合同条件，可以获得工期补偿的有（　　）。

    A. 监理人发出错误指令

    B. 监理人对已覆盖的隐蔽工程要求重新检查且检查结果不合格

    C. 承包人的设备故障

    D. 发包人提供工程设备不合格

    E. 异常恶劣的气候条件

≫≫≫ 参考答案及解析 ≪≪≪

一、单项选择题

1. [答案] A

[解析] 施工项目经理部应建立和健全以单位工程为对象的成本核算账务体系，严格区分企业经营成本和项目生产成本，在工

程项目实施阶段不对企业经营成本进行分摊，以正确反映工程项目可控成本的收、支、结、转的状况和成本管理业绩。

2. [答案] A

[解析] 施工成本管理流程：成本预测、成本计划、成本控制、成本核算、成本分析、成本考核。

3. [答案] A

[解析] 由发包人提供的材料、工程设备金额，应按照发包人签约提供的单价和数量从进度款支付中扣出，列入本周期应扣减的金额中。

4. [答案] C

[解析] 挣值分析法是对工程项目成本/进度进行综合控制的一种分析方法。该方法通过计算后续未完工程的计划成本余额，预测其尚需的成本数额，从而为后续工程施工的成本、进度控制及寻求降低成本挖潜途径指明方向。

5. [答案] D

[解析] 成本预测是成本计划的编制基础，成本计划是开展成本控制和核算的基础；成本控制能对成本计划的实施进行监督，保证成本计划的实现，而成本核算又是成本计划是否实现的最后检查，成本核算所提供的成本信息又是成本预测、成本计划、成本控制和成本考核等的依据；成本分析为成本考核提供依据，也为未来的成本预测与成本计划指明方向；成本考核是实现成本目标责任制的保证和手段。

6. [答案] A

[解析] 工程变更的范围和内容包括：①增加或减少合同中任何工作，或追加额外的工作；②取消合同中任何工作，但转由他人实施的工作除外；③改变合同中任何工作的质量标准或其他特性；④改变工程的基线、标高、位置和尺寸；⑤改变工程的时间安排或实施顺序。

7. [答案] A

[解析] 根据财政部、国家发改委和住房和城乡建设部的有关文件规定，竣工决算是由竣工财务决算说明书、竣工财务决算报表、工程竣工图和工程竣工造价对比分析四部分组成。其中竣工财务决算说明书和竣工财务

决算报表两部分又称建设项目竣工财务决算，是竣工决算的核心内容。

8. [答案] C

[解析] 从未施工工程尚需的主要材料及构件的价值相当于工程预付款数额时起扣，此后每次结算工程价款时，按材料所占比重扣减工程价款，至工程竣工前全部扣清。起扣点的计算公式如下：$T = P - M/N = 1000 - 300/60\% = 500$。故从 3 月开始起扣。

9. [答案] A

[解析] 本题考核的是因素分析法：（3100 − 3000）× 420 = 42000（元）= 4.2（万元）。

10. [答案] B

[解析] 竣工竣工决算是由竣工财务决算说明书、竣工财务决算报表、工程竣工图和工程竣工造价对比分析四部分组成。其中竣工财务决算说明书和竣工财务决算报表两部分又称建设项目竣工财务决算，是竣工决算的核心内容。

11. [答案] A

[解析] 因异常恶劣天气造成的返工工程量应给予计量，选项 B 错误。成本加酬金合同按照单价合同的计量规定进行计量，选项 C 错误。总价合同各项目的工程量是承包人用于结算的最终工程量，选项 D 错误。

12. [答案] C

[解析] 起扣点的计算公式为 $T = P - M/N$。式中：T——起扣点（即工程预付款开始扣回时）的累计完成工程金额；M——工程预付款总额；N——主要材料及构件所占比重；P——承包工程合同总额。

13. [答案] D

[解析] 部分项工程和措施项目中的单价项目应依据双方确认的工程量与已标价工程量清单的综合单价计算，选项 A 错误；计日工应按发包人实际签证确认的事项计算，选项 B 错误；暂列金额应减去工程价款调整（包括索赔、现场签证）金额计算，如有余额归发包人，选项 C 错误。

14. [答案] B

[解析] 国有资金投资建设工程的发包人，

应当委托具有相应资质的工程造价咨询企业对竣工结算文件进行审核，并在收到竣工结算文件后的约定期限内向承包人提出由工程造价咨询企业出具的竣工结算文件审核意见；逾期未答复的，按照合同约定处理，合同没有约定的，竣工结算文件视为已被认可。

15. [答案] D

[解析] 施工企业可向业主索赔的费用应包括10工日内产生的以人工费和机械费的合计为计算基础的综合费率为130%，由于没有停工，人工费不包括窝工补贴。计算过程为：索赔金额＝（10×80＋1×5000）×（1＋30%）＝7540（元）。

16. [答案] C

[解析] 因不可抗力事件导致的人员伤亡、财产损失及其费用增加，发、承包双方应按以下原则分别承担并调整合同价款和工期：①合同工程本身的损害、因工程损害导致第三方人员伤亡和财产损失以及运至施工场地用于施工的材料和待安装的设备的损害，由发包人承担。②发包人、承包人人员伤亡由其所在单位负责，并承担相应费用。③承包人的施工机械设备损坏及停工损失，由承包人承担。④停工期间，承包人应发包人要求留在施工场地的必要的管理人员及保卫人员的费用由发包人承担。⑤工程所需清理、修复费用，由发包人承担。

17. [答案] C

[解析] 网络图分析法是利用进度计划的网络图，分析其关键线路。如果延误的工作为关键工作，则延误的时间为索赔的工期；如果延误的工作为非关键工作，当该工作由于延误超过时差而成为关键工作时，可以索赔延误时间与时差的差值；若该工作延误后仍为非关键工作，则不存在工期索赔问题。

18. [答案] D

[解析] 由前文表7-3-2可知，选项D所述正确。

19. [答案] A

[解析] 发包人提前向承包人提供材料、工程设备只能得到费用补偿。

20. [答案] B

[解析] 在实际施工过程中，工期拖期很少是只由一方造成的，往往是两、三种原因同时发生（或相互作用）而形成的，故称为"共同延误"。在这种情况下，要具体分析哪一种情况延误是有效的，应依据以下原则：①首先判断造成拖期的哪一种原因是最先发生的，即确定"初始延误"者，它应对工程拖期负责。在初始延误发生作用期间，其他并发的延误者不承担拖期责任。②如果初始延误者是发包人原因，则在发包人原因造成的延误期内，承包人既可得到工期延长，又可得到经济补偿。③如果初始延误者是客观原因，则在客观因素发生影响的延误期内，承包人可以得到工期延长，但很难得到费用补偿。④如果初始延误者是承包人原因，则在承包人原因造成的延误期内，承包人既不能得到工期补偿，也不能得到费用补偿。

21. [答案] C

[解析] 所谓最终结清，是指合同约定的缺陷责任期终止后，承包人已按合同规定完成全部剩余工作且质量合格的，发包人与承包人结清全部剩余款项的活动。

22. [答案] B

[解析] 不属于保修的范围：由于用户使用不当或自行修饰装修、改动结构、擅自添置设施或设备而造成建筑功能不良或损坏者，以及对因自然灾害等不可抗力造成的质量损害的。

23. [答案] B

[解析] 发包人应按照合同约定方式预留质量保证金，发包人累计扣留的质量保证金不得超过工程价款结算总额的3%。合同约定由承包人以银行保函替代预留保证金的，保函金额不得高于工程价款结算总额的3%。缺陷责任期到期后，承包人向发包人申请返还保证金。缺陷责任期一般为1年，最长不超过2年，由发承包双方在合同中约定。

24. [答案] C

[解析] 基本建设项目完工可投入使用或者

试运行合格后，应当在 3 个月内编报竣工
财务决算，特殊情况确需延长的，中、小
型项目不得超过 2 个月，大型项目不得超
过 6 个月。

25. [答案] D

[解析] 发包人未按照规定的程序支付竣工
结算款的，承包人可催告发包人支付，并
有权获得延迟支付的利息。发包人在竣工
结算支付证书签发后或者在收到承包人提
交的竣工结算款支付申请规定时间内仍未
支付的，除法律另有规定外，承包人可与
发包人协商将该工程折价，也可直接向人
民法院申请将该工程依法拍卖。

二、多项选择题

1. [答案] ABC

[解析] 承包人应在每个计量周期到期后向发
包人提交已完工程进度款支付申请一式四份，
详细说明此周期认为有权得到的款额，包括
分包人已完工程的价款。支付申请的内容包
括：①累计已完成的合同价款。②累计已实
际支付的合同价款。③本周期合计完成的合
同价款，其中包括：a. 本周期已完成单价项
目的金额；b. 本周期应支付的总价项目的金
额；c. 本周期已完成的计日工价款；d. 本周
期应支付的安全文明施工费；e. 本周期应增
加的金额。④本周期合计应扣减的金额，其
中包括：a. 本周期应扣回的预付款；b. 本周
期应扣减的金额。⑤本周期实际应支付的合
同价款。

2. [答案] CDE

[解析] 成本计划的编制方法包括：目标利
润法、技术进步法、按实计算法、定率估算
法（历史资料法）。

3. [答案] BD

[解析] 分部分项工程成本分析的对象为主
要的已完分部分项工程。分析的方法是：进
行预算成本、目标成本和实际成本的"三
算"对比，分别计算实际成本与预算成本、
实际成本与目标成本的偏差，分析偏差产生
的原因，为今后的分部分项工程成本寻求节
约途径。

4. [答案] CDE

[解析] 项目经理部可控责任成本考核指标：

①项目经理责任目标总成本降低额和降低
率；②施工责任目标成本实际降低额和降低
率；③施工计划成本实际降低额和降低率。

5. [答案] ABDE

[解析] 竣工决算主要包括竣工财务决算说
明书、竣工财务决算报表、工程竣工图和工
程造价比较分析四部分。前两者是核心
内容。

6. [答案] CD

[解析] 事件①不能获得费用索赔；事件
②索赔额＝（20×50＋1×200）×（1＋
30%）＝1560（元）；事件③索赔额＝20×
20＋1×100＝500（元）。索赔额合计为
2060 元。

7. [答案] BD

[解析] "基准日后法律的变化"只能索赔费
用；"发包人提供的材料、工程设备造成工
程质量不合格"可以索赔工期、费用和利
润；"因不可抗力停工期间应工程师要求照
管、清理、修复工程"只能索赔费用；"施
工中发现文物、古迹""施工中遇到不利的
物质条件"可同时索赔工期和费用。

8. [答案] BE

[解析] 工程计量就是发承包双方根据合同
约定，对承包人完成合同工程的数量进行的
计算和确认。工程计量的原则包括：①不符
合合同文件要求的工程不予以计量；②按合
同文件所规定的方法、范围、内容和单位计
量；③因承包人原因造成的超出合同工程范
围施工或返工的工程量，发包人不予计量。

9. [答案] BCDE

[解析] 由于不可抗力解除合同的，发包人
除应向承包人支付合同解除之日前已完成工
程但尚未支付的合同价款，还应支付下列金
额：①合同中约定应由发包人承担的费用。
②已实施或部分实施的措施项目应付价款。
③承包人为合同工程合理订购且已交付的材
料和工程设备货款。发包人一经支付此项货
款，该材料和工程设备即成为发包人的财
产。④承包人撤离现场所需的合理费用，包
括员工遣送费和临时工程拆除、施工设备运
离现场的费用。⑤承包人为完成合同工程而
预期开支的任何合理费用，且该项费用未包

括在本款其他各项支付之内。

10. [答案] ABD

[解析] 已经竣工验收或已竣工未验收但实际投入使用的工程，其质量争议按该工程保修合同执行，竣工结算按合同约定办理；已竣工未验收且未实际投入使用的工程以及停工、停建工程的质量争议，双方应就有争议的部分委托有资质的检测鉴定机构进行检测，根据检测结果确定解决方案，或按工程质量监督机构的处理决定执行后办理竣工结算，无争议部分的竣工结算按合同约定办理。

11. [答案] ADE

[解析] 工程计量的原则包括下列三个方面：①不符合合同文件要求的工程不予计量；②按合同文件所规定的方法、范围、内容和单位计量；③因承包人原因造成的超出合同工程范围施工或返工的工程量，发包人不予计量。

12. [答案] BDE

[解析] 新增固定资产价值的计算是以独立发挥生产能力的单项工程为对象的，选项A错误。分期分批交付生产或使用的工程，应分期分批计算新增固定资产价值，选项C错误。

13. [答案] ADE

[解析]《标准施工招标文件》中承包人的索赔事件及可补偿内容详见前文表7-3-2"承包人的索赔事件及可补偿内容"。

亲爱的读者：

　　如果您对本书有任何 **感受、建议、纠错**，都可以告诉我们。

我们会精益求精，为您提供更好的产品和服务。

　　祝您顺利通过考试！

扫码参与调查

环球网校造价工程师考试研究院